# Le génie du cerveau humain et ses merveilles

Pierre Bamony

# Le génie du cerveau humain et ses merveilles

*Tome II*

*Anthropologie quantique et technoscience*

L'Harmattan

**5-7, rue de l'Ecole-Polytechnique, 75005 Paris**

http://www.harmattan.fr
diffusion.harmattan@wanadoo.fr

ISBN : 978-2-336-30772-5
EAN : 9782336307725

# TOME II

# ANTHROPOLOGIE QUANTIQUE ET TECHNOSCIENCE

*A Madame Suzanne Lallemand, directrice de ma thèse de Doctorat d'anthropologie, qui m'a conduit au titre d'anthropologue par ses encouragements, ses conseils et son dévouement. Je lui exprime toute ma gratitude et mon infinie reconnaissance*

# INTRODUCTION GÉNÉRALE

## Des limites immanentes à la raison philosophico-scientifique, régente des sciences

Sur notre commune Terre, au sein de toutes les cultures humaines, depuis l'émergence de l' Humanité, on assiste à des phénomènes étranges, mystérieux dits paranormaux que notre commune raison échoue à expliquer – et ces phénomènes sont considérés comme tels au regard de son impuissance à en rendre compte -. Pourtant, face à cet échec manifeste, elle n'a pas le courage d'avouer son incapacité. Pour conserver l'ordre de son triomphe, elle rejette tous ces faits dans le domaine de l'irrationnel. Qu'est-ce qu'un irrationnel si ce n'est toute manifestation, dans notre champ de réalité, qui échappe aux données ordinaires de notre intelligibilité ? Mais alors, d'où vient que notre raison ne soit pas toujours en mesure de tout expliquer ? Y a-t-il des phénomènes qui seraient à jamais inaccessibles à notre commune compréhension des choses, comme la foi en son essence ineffable, les guérisons miraculeuses, la divination, les multiples figures de la sorcellerie, manipulatrice des forces naturelles mais non perceptibles par nos sens ordinaires, bref des pouvoirs extrasensoriels ? Pour avoir une idée claire de cette impuissance de notre raison, et tel est effectivement le cas, il convient de faire un retour sur son origine grecque ; du moins sur la manière dont la philosophie grecque l'a élaborée et rigoureusement construite.

A force de considérer le monde du raisonnement commun, cette méthode indispensable pour construire et conduire une analyse logique acheminant au vrai, comme un processus désormais naturel, on a fini par oublier l'origine de ce procédé de la pensée rationnelle et/ou scientifique. En effet, après avoir observé la régularité des phénomènes physiques qui, dans leur mouvement, semblent être soumis à la nécessité, c'est-à-dire à un processus rigoureux immuable ne souffrant d'aucune fantaisie, ni arbitraire, Aristote (IV^e^ siècle av. J-C.) s'est mis à la construction logique de la pensée et de la connaissance rationnelle subséquente. En d'autres termes, son ambition a été de bâtir un modèle de la pensée rationnelle qui soit comme le miroir humain de ce qui se passe dans la Nature. Dès lors, si la connaissance doit être considérée comme ce qui relève du nécessaire, alors la méthode logique aura pour finalité une nécessité semblable dans les procédés de la pensée rationnelle. Mais, sans s'en rendre compte, il a d'emblée limité lui-même la portée de ce procédé de la pensée rationnelle : la nécessité sous-jacente à la logique repose sur le principe de non-contradiction, lequel est posé comme le fondement de l'édifice de celle-ci. Ce principe s'énonce ainsi : « il est possible que le même attribut appartienne et n'appartienne pas en même temps, au même sujet sous le même rapport »[1].

C'est en ce sens qu'on peut admettre que ce principe ouvre la voie à la logique classique, comme celle du tiers exclu : il n'y a pas d'intermédiaire entre ce qui est vrai et ce qui est faux. C'est, d'ailleurs, ce qui la fait qualifier de logique de non-contradiction ou science des modalités de l'entendement humain. Ce faisant, l'œuvre ainsi bâtie opère un divorce évident avec la matière, c'est-à-dire avec

---

[1] *Métaphysique* (G3, 1005a 20, J. Vrin, Paris 1981, p.195)

la nature réelle et profonde des phénomènes en tant qu'elle est essentiellement une pure formalisation par rapport à ce qui est en réalité. Par conséquent, ce que la logique péripatéticienne validera ne sera pas nécessairement vrai : une connaissance peut être tout à fait conforme à la forme logique, c'est-à-dire ne pas se contredire elle-même, mais elle peut être en contradiction avec l'objet qu'elle vise à connaître. En d'autres termes, cette logique s'est bâtie en vue de connaître le réel tout en l'éjectant de son jeu abstrait, de ses règles structurant le savoir des faits concrets.

La logique est donc une théorisation des opérations de l'esprit en construisant et en contrôlant la cohérence des énoncés. C'est la science de la validité des inférences, c'est-à-dire des inductions et des déductions entre les idées. Donc, ce qui l'intéresse avant tout, c'est la forme des raisonnements. Autant dire qu'entre la cohérence du discours philosophico-scientifique et le réel, il y a une rupture, une béance, un hiatus entre la théorie et les faits. D'où la question suivante : dès lors qu'Aristote a formaté définitivement notre intelligence à devoir se déployer uniquement dans l'apparence de la cohérence des phénomènes de la pensée, posée comme l'unique figure de la rationalité, que savons-nous à vrai dire de la nature réelle des objets de nos connaissances ?

A cette première élaboration des règles de la pensée rationnelle, est venue s'ajouter une consolidation, voire une validation mathématique avec les philosophes du XVII^e^ siècle comme Kepler, Copernic, Galilée, Descartes, Pascal, Newton etc. ; lesquels sont considérés comme les Pères fondateurs de la science moderne. Parmi eux, Descartes a imposé l'usage de la mathématique, avec sa *« Mathesis Universalis »*, comme l'organon par excellence de la forme de la pensée rationnelle, condition du progrès continu des savoirs. Nonobstant ce, le progrès de la science s'est opéré essentiellement par simplification des phénomènes. Elle bannit ainsi de son champ de pensée, de compréhension et/ou d'intelligibilité le complexe comme la figure de l'irrationnel. Or, ce qui est sophistiqué est complexe par nature ; et tous les phénomènes vivants, en particulier l'être humain, ou matériels sont complexes. Un tel présupposé explique, en grande partie, les limites des connaissances scientifiques des faits complexes, parce que tout n'est pas, hélas pour la raison philosophico-scientifique, mathématisable, c'est-à-dire simplifiable.

En outre, cette institution de la pensée rationnelle semble suggérer l'idée qu'Aristote, puis Descartes ont trouvé les normes du cerveau humain dans sa volonté conquérante de l'intelligibilité universelle des phénomènes naturels/humains. La donnée moderne qui milite en faveur de cette hypothèse est la suivante : avant l'émergence et le triomphe de la raison philosophico-scientifique dans le monde, des civilisations éminentes, sophistiquées, triomphantes même en leur temps comme l'Egypte ancienne, la Chine, l'Inde sous sa figure multiple, la Mésopotamie etc., avaient leur propre modalité d'intelligibilité. Il en est de même des premiers philosophes grecs, voire des contemporains d'Aristote. Or, de nos jours, le monde entier ayant subi une mutation universelle sous la figure de la civilisation occidentale, en est venu à raisonner, désormais, suivant les normes de la raison « aristotélo-cartésienne ». C'est ce qui a rendu possible la circulation des scientifiques, des ingénieurs et autres technologues dans toutes les zones du monde.

Or, en matière de savoir quel qu'il soit, l'intuition a joué un rôle éminent dans la découverte des concepts clefs qui ont bouleversé les paysages des connaissances dites de la raison et qui s'imposent comme indépassables, même par la science contemporaine. Par exemple, la constante pi redécouverte et définie par Pythagore ne semble pas être le résultat d'une démonstration rationnelle longue. Il en est du concept d'atome, fruit de l'intuition de Démocrite, d'Epicure ; il en est de même du concept du vide (plein de particules) pensé par Epicure, entre autres. Au cours des temps modernes, Descartes, Newton, voire Einstein doivent l'émergence de leurs découvertes mathématico-scientifiques à l'intuition seule. En ce sens, celle-ci apparaît comme l'Alpha et l'Oméga des sources des savoirs humains, fruits de l'activité du cerveau. Elle peut même se comprendre tel le jaillissement lumineux par lequel le cerveau humain extirpe de son sein des pans entiers de connaissances à partir de la mer de la Science universelle recueillie originairement et originellement tout au fond de son cœur.

En tant que figure d'un flash lumineux, l'intuition telle que nous l'entendons ici embrasse plus d'horizons amples que les constructions de la démonstration rationnelle. Celle-ci creuse des sillons dans la complexité comme des voies possibles vers quelques vérités. Ce faisant, elle en obstrue d'autres ; ce qui limite ses investigations, ses découvertes longues, laborieuses et toujours incertaines. L'invisible, le « to aorato » inhérent à la structure de tout ce qui est, lui échappe toujours contrairement à l'intuition qui s'y meut à son aise en opérant des dévoilements sur l'inconnu, qui n'est tel que pour la myopie de la raison philosophico-scientifique.

Mais l'intuition dont il est question ici se comprend comme illumination qui achemine une conscience humaine à la vision et à la saisie d'une vérité évidente et qui donne lieu à la connaissance réelle, ou aux savoirs institués par la raison « aristotélo-cartésienne ». Celle-ci n'est rien d'autre qu'une grâce de la générosité de notre cerveau puisque rien ne peut se concevoir à son insu. Une telle conception de l'intuition se donne à comprendre comme une synergie, d'abord, et, ensuite, comme une synopsis puisqu'elle est une vision dans laquelle nous percevons simultanément tous les phénomènes, voire toutes les notions qui constituent instantanément, par leur coopération, leur coordination le phénomène de la pensée. C'est l'ineffable dans son amplitude qui, d'emblée, déborde les horizons de notre conscience et que la raison, par ses normes rigides, impersonnelles va codifier suivant ses outils propres pour le rendre intelligible à celle-ci. A cet effet, elle produit, de façon immanente et en amont, la communication mutuelle, la compréhension universelle des êtres humains dans le creuset des Savoirs. Elle devient ainsi intuition intellectuelle et non plus illumination par la transfiguration qu'en fait la raison sous la figure d'une vue directe, immédiate, voire d'une représentation directe présente dans l'esprit attentif et saisie dans sa dimension de réalité singulière.

Puisque la raison philosophico-scientifique a triomphé sur toute la terre en s'imposant comme la norme désormais incontournable de toute pensée rationnelle et que, en vertu de ses résultats éclatants aux XX$^{e}$-XXI$^{e}$ siècle, il va de soi qu'on doit lui reconnaître ce progrès des temps modernes. C'est en ce sens que celui-ci en fait, du même coup, la régente de toutes les sciences. Nonobstant ce, nous savons désormais que nous ne savons rien, puisque, entre les champs de cette raison et nous, il y a le merveilleux miroir de la cohérence de ses concepts philosophiques et des symboles et autres constructions mathématiques. Si la science est regardée, de nos jours, comme un nouveau culte religieux intouchable, sacré même par la vénération des esprits creux ou ignorants ou imbéciles, la raison, en tant qu'organon universel du cerveau humain, travaille constamment à l'émergence de perspectives nouvelles et inédites, innovantes et grosses d'espoirs de demain. Aussi, dans les Ecoles, on devrait enseigner l'art de trouver, de découvrir de l'inouï et non uniquement celui de démontrer comme la coutume a pris le pli dans nos formations intellectuelles.

La voie que nous avons choisie d'explorer pour comprendre le complexe et les champs des réalités humaines vise à faire usage de toutes les sciences au service d'une rationalisation des mondes humains ; l'essentiel étant d'atteindre un horizon qui illumine des champs obscurs ou inconnus, et qui lève quelques voiles sur la nature des phénomènes, y compris jusqu'au coeur de la substruction des mondes visibles ou invisibles. Car pour nous, l'essentiel de la science consiste non pas à dire toujours la même chose, mais à pouvoir pénétrer dans le vaste champ de la substruction de l'Etant pour y prélever des vérités. Un tel cheminement nous permet d'accéder à la conscience et à la connaissance de ce qui est ; sans pour autant lui donner une figuration particulière. En d'autres termes, il s'agit d'opérer une sorte d'effraction de la structure de notre vision scientifique qui est sculptée dans le marbre et le diamant depuis près de 4000 ans. Mais cette vision semble toujours se réduire à la répétition du même et dans le même paradigme au point de devenir aveugle sur ses propres limites intrinsèques. Il faut donc libérer l'esprit, voire l'intelligence humaine pour que la science devienne dévoilement de ce qui est caché ; et non plus la redite perpétuelle de ce que l'on sait déjà.

Car notre démarche vise à accéder, sans assurance d'y parvenir réellement, à une rationalité unifiante du savoir. Comme l'a souligné Ernst Mach, le savoir technique en science comme la physique, la mathématique, la biologie, entre autres, donne une tournure de l'esprit scientifique mais non forcément l'intelligence de ces sciences prises ensemble, à l'instar de la pénétration de la synopsis. C'est en ce qu'il n'hésite pas à affirmer : « c'est la philosophie qui détient la clef de la vérité, pas la physique »[2], entre autres disciplines scientifiques contemporaines. Car la philosophie confère l'unification organique des savoirs dans l'ensemble. Et tel est le sens de la démarche que nous avons suivie dans l'analyse et la compréhension des phé-

---

[2] Tom Keve : *Trois explications du monde* (A. Michel, Paris 2010, p.394)

nomènes cérébraux singuliers, comme la science cachée des peuples africains subsahariens, à l'instar de leur sorcellerie opaque dans ses manifestations perceptibles et invisibles.

« Le cerveau est plus profond que la mer…
« Le cerveau est du même poids que Dieu,
Car, pesez-le, once pour once,
S'ils diffèrent, ce sera comme
La Syllabe et le Son »

Emily Dickinson[3]

[3] *In* Daniel Tammet : *Embrasser le ciel immense-Les secrets du cerveau des génies-* (Editions « J'ai lu », Paris 2010, p.p. 13-14)

# INTRODUCTION

## Un problème majeur de renouveau conceptuel en anthropologie

« En face d'un monde d'« idées modernes » qui aimerait confiner chacun dans un coin et dans une « spécialité », un philosophe serait contraint - s'il pouvait y avoir des philosophes aujourd'hui - de placer la grandeur de l'homme, la notion même de « grandeur », dans l'étendue et la diversité de l'esprit, dans une totalité faite de multiplicité : il fixerait même le rang et la valeur d'un homme d'après l'ampleur et la diversité de ce qu'il peut supporter et assumer selon la portée qu'il sait donner à sa responsabilité. Aujourd'hui le goût du temps et les vertus du temps débilitent et amenuisent la volonté[4] ».

Dans l'antiquité, le philosophe était considéré comme celui qui tente de savoir le plus de choses possible. Cela ne signifiait pas qu'il devait tout connaître de façon absolue ; ce qui reviendrait à se comparer aux Dieux tout-puissants et omniscients. Mais, dans cette quête perpétuelle d'un savoir adéquat, solide, vaste en même temps, il s'agissait davantage de faire reculer le plus possible l'ample horizon des limites intrinsèques de notre esprit et, du même coup, celles de notre ignorance fondamentale.

[4] F. Nietzsche : *Par-delà le bien et le mal,* (§ 212, Idées/Gallimard, Paris 1971, p. 150)

En revanche, le monde contemporain, contrairement à cet idéal d'un cheminement continu dans l'acquisition des sciences variées et profondes, souffre d'une singulière défaillance qui confine quasiment à une espèce de déficit mental : la spécialisation dans les divers champs des savoirs. L'on croit ainsi atteindre des abysses dans la discipline dont on se targue d'avoir quelque maîtrise, qu'elle soit scientifique, technologique ou d'ingénierie etc., alors qu'on pâtit d'un genre nouveau d'autisme, c'est-à-dire de manques essentiels dans la perception intellectuelle ample des phénomènes. C'est ce qui explique que même les intellectuels, docteurs, agrégés et autres diplômés des universités et des grandes Ecoles ne parviennent guère à se libérer de la tutelle de leurs *a priori,* des différentes sortes de préjugés qui obscurcissent le champ de leur conscience depuis l'enfance. Aussi, si cette crème de l'esprit, qu'on est en droit d'admirer pour sa réussite sur le plan de la culture (savante) de l'esprit, est encore prisonnière de telles données des cultures humaines, quelles qu'elles soient, on comprend que le progrès de l'Humanité soit véritablement compromis. Car, très vite, à son insu, on en vient à ériger des certitudes non scientifiques en dogmatismes de tous genres sous la férule des divers inconscients qui nous meuvent d'ordinaire : l'inconscient individuel, familial, l'inconscient collectif ethnique et/ou culturel, l'inconscient de l'humanité avec ses archétypes réfractaires à tout progrès de l'esprit, selon les schèmes établis par Karl Gustav Jung.

Face à cet amer constat, source de multiples formes d'extrémismes au niveau des comportements et de la pensée et, conséquemment, de fermeture à l'autre au nom de croyances aveugles et de « formatages » inconscients de l'esprit humain, qui empêche ainsi tout progrès dans le sens d'une évolution vers l'achèvement de l'Humanité, voire la lumière et l'éclat des formes d'intelligibilité humaniste ; élévation exigeant d'être délesté de la bête endormie dans notre fond d'être humain, nous avons pensé qu'il fallait revenir aux fondamentaux de la culture savante, du moins dans la zone d'influence culturelle occidentale, en l'occurrence, la Philosophie et la Science. Car la séparation de l'une et de l'autre a fini par donner naissance à des savoirs à peu près qui ont caractérisé le genre humain au XX$^{e}$ et qui se poursuivent en ce début du XXI$^{e}$ siècle. Percevant les ravages intellectuels et les dangers pour les êtres humains de l'étroitesse de l'esprit en gestation en son temps, le XIX$^{e}$ siècle, Claude Bernard avait pourtant déjà tiré la sonnette d'alarme afin d'empêcher ainsi la rupture de la philosophie et de la science dans l'intérêt de l'une et de l'autre, d'une part, et d'autre part, en vue du progrès de l'esprit humain. C'est en ce sens qu'il écrit : « il faut chercher à briser les entraves des systèmes philosophiques et scientifiques, comme on briserait les chaînes d'un esclavage intellectuel. La vérité, si on peut la trouver, est de tous les systèmes… La philosophie et la science ne doivent donc point être systématiques ; elles doivent être unies sans vouloir se dominer l'une l'autre. Leur séparation ne pourrait être que nuisible aux progrès des connaissances humaines. La philosophie tendant sans cesse à s'élever, fait remonter la science vers la cause ou vers la source des choses. Elle lui montre qu'en dehors d'elle il y a des questions qui tourmentent l'humanité, et qu'elle n'a pas encore résolues. Cette union solide de la philosophie et de la science est utile aux deux, elle élève l'une et contient l'autre. Mais si le lien qui unit la philosophie à la science vient à se briser, la philosophie, privée de l'appui et du contrepoids de la science, monte à perte de vue et s'égare dans les nuages, tandis que la science, restée sans direction et sans aspiration élevée, tombe, s'arrête ou vogue à l'aventure[5] ».

---

[5] Claude Bernard : *Introduction à l'étude de la médecine expérimentale* (Flammarion, « Champs », Paris 1984, p.309)

Notre démarche s'inscrit dans la perspective d'une telle pensée globale de la destinée du genre humain et de l'unité de ses créations intellectuelles, culturelles diverses, même si, tout compte fait, nos contributions restent très humbles et très modestes. Autrement, sans un effort de la pensée comme le propose Claude Bernard, nos modes d'investigations éparpillés conduisent, à la longue, à l'impasse. Ainsi, de nos jours, les recherches relatives au cerveau humain, en l'occurrence, les neurosciences, sont les plus prisées dans les domaines des sciences fondamentales. Il y a des financements considérables qui sont accordés autant aux laboratoires qui s'y consacrent qu'aux doctorants qui s'y intéressent. Pour tout le monde, l'exploration du cerveau est devenue la science du futur par excellence. Cependant, cet engouement des neurosciences présente un défaut majeur. En effet, contrairement à notre démarche qui vise à tâcher de comprendre et de connaître le cerveau, c'est-à-dire l'intelligence du tableau qu'il présente dans son ensemble, cet éminent organe est devenu comme un champ de bataille, plutôt une mine d'or où une armée d'orpailleurs se livre une concurrence implacable. En effet, chaque école lutte pour avoir une belle petite pépite d'or, c'est-à-dire la découverte la plus éclairante, la plus pertinente possible, voire la plus révolutionnaire.

Ce faisant, tout se passe comme si les chercheurs se trouvaient dispersés dans une espèce de Tour de Babel sans espoir de se comprendre un jour. Car chaque champ de recherches, chaque laboratoire se spécialise, par choix, dans une zone du cerveau qu'il explore à fond. A cet effet, il crée un langage conceptuel qui lui est propre. Puisqu'il y a une infinité de chercheurs autour du même objet, les uns et les autres finissent par ne plus se comprendre du tout. D'où le brouillard très épais et même total dans lequel les neurosciences se trouvent aujourd'hui à propos de la connaissance du cerveau humain ; d'autant plus qu'ils réduits au statut de spectateurs : ils se contentent d'observer, par la médiation de leurs appareillages, et d'interpréter ce qui se passe sous leurs yeux. Le fruit de cette interprétation est tenu pour le réel ou le vrai. En lisant leurs travaux, nous sommes aussi tenus de croire que telle est la science du cerveau. Dans cette perspective, on n'en aura jamais un savoir total ou même complet, mais toujours partiel, émietté, partial et flou.

# CHAPITRE PREMIER

## Sorcellerie et science. Initier la controverse

L'un des esprits éminents du XX$^{e}$ siècle, hormis ses a priori propres à son temps sur les populations extra-européennes dont les réalités culturelles intrinsèques étaient fort ignorées, est incontestablement Karl Gustav Jung. L'éminence de son intelligence consiste en ce qu'il a fait preuve d'éclectisme dans ses investigations scientifiques. Par éclectisme, il faut entendre, selon le *Bordas,* celui qui fait preuve « de largeur d'esprit dans ses goûts, dans ses choix, qui ne se limite pas à un seul genre, à une seule catégorie ». Dans le domaine des sciences dites dures et humaines, c'est une attitude, voire une démarche d'investigation qui emprunte des éléments de réflexion, de compréhension à diverses écoles ou divers champs d'intelligibilité. En d'autres termes, l'éclectisme est une « méthode qui consiste à réunir et concilier des idées ou des thèses empruntées à divers systèmes antérieurs » ou contemporains de pensée dès lors qu'une telle ouverture d'esprit permet de mieux éclairer la nature des phénomènes, toujours complexes en soi. En ce sens, c'est une sorte d'opération et de réalisation de synthèse des connaissances contemporaines dans les divers champs des savoirs. Ainsi, dans le domaine des sciences du vivant, Henri Atlan reconnaît qu'un tel éclectisme intellectuel, qui est aussi le signe du progrès des concepts scientifiques, est l'expression même du désir du chercheur de transcender les limites présentes de paradigmes devenus inopérants. En effet, « comme cela arrive souvent dans l'histoire des sciences, un paradigme en a remplacé un autre du fait de l'émergence de nouvelles techniques… »[6]. Toujours en biologie, de nos jours, il est de plus en plus question de « l'étude des systèmes dynamiques complexes » ; ce qui donne lieu à un nouveau champ d'investigation scientifique rendu possible grâce aux « découvertes permises par les acquis techniques de la biologie moléculaire » (Ibidem).

L'éclectisme intellectuel est ce que Nietzsche appelle, à juste titre, « l'esprit libre »[7]. Il veut signifier par une telle prise de position que la conduite de tout philosophe ou de tout savant ne doit être empêchée par aucun dogmatisme ni même par la spécificité d'un champ du savoir. Il éprouve un grand plaisir au désir de savoir en dehors de tout cadre limitatif des connaissances parce que l'amour de la vie est une joie de savoir. Car la vie elle-même est innocence, ignorance, assoiffée de connaissances multiples. La vie est énigme, mystère, voire « Femme » qui dévoile parcimonieusement ses secrets à ceux dont l'esprit ardent est envoûté par ses charmes, par les plis de son être plein de science. C'est en ce sens que Nietzsche écrit à juste titre : « Comme nous avons su, dès le commencement, préserver notre ignorance pour jouir, à un degré presque inconcevable, de la liberté, de l'insouciance, de l'imprudence, de la vivacité, de la joie de la vie – pour jouir en un mot de la vie ! Et la science n'a pu s'édifier jusqu'ici que sur ce fondement, désormais ferme et granitique, de notre ignorance ; notre volonté de savoir s'est

[6] *Le monde s'est-il créé tout seul ?* (A. Michel, coll. « Entretiens/Clés, Paris 2008, p. 175)

[7] *Par-delà bien et mal*, Deuxième partie, (1971 – Idées/Gallimard, Paris, p.40)

élevée sur le fondement d'une volonté bien plus puissante, celle de ne pas savoir, de nous confier à l'incertain et au non-vrai. Cette volonté de savoir n'est pas l'antithèse de l'autre, mais son expression la plus raffinée ».

Or, ceux que Nietzsche appelle les « demi-savants » sont pleins de certitudes et s'imaginent que la portion de science contenue dans leur conscience est la science même et celle-ci est, en soi, suffisante pour enseigner aux jeunes intelligences des savoirs qui sont, en réalité, mal fondés ; ou pour examiner la nature des phénomènes. Ils n'ont plus le souci de la quête perpétuelle de science, qui est pourtant au cœur même de l'interrogation, de l'inquiétude de tout philosophe et de tout savant. On comprend que Jung fasse sienne la réflexion suivante d'Anatole-France : « Les savants ne sont pas curieux »[8]. Cette remarque est d'autant plus justifiée qu'en tant que « Libre esprit », il a eu maille à partir avec les savants déterministes et mécanicistes matérialistes de son temps, dont notamment les sarcasmes, le mépris de son maître Freud. On le sait, celui-ci s'est séparé de tous ses éminents disciples comme Jung, Adler etc., car il n'a pas pu supporter qu'ils puissent ou veuillent penser différemment de lui. Le fond d'une telle attitude en science, en particulier, les sciences humaines, tient au refus de la concurrence. Dans ces milieux, l'on ne supporte pas qu'un autre soit plus brillant que soi, s'il n'est pas de la même école de pensée que soi, s'il ne partage pas la même doctrine de peur qu'un tel alter ego ne s'empare de la place qu'on occupe en tant que maître. Aussi, à l'époque de Jung (fin XIX^e^ siècle, début du XX^e^), tout le monde devait penser conformément à la vision matérialiste du monde, qui n'est, au fond, qu'une simple inversion d'une manière conformiste antérieure assise sur l'idéalisme, le théologique ou le spirituel. C'est ce con-

---

[8] In *Métamorphoses de l'âme et ses symboles* (Librairie Générale Française, coll. « Le livre de Poche », Paris 2006

formisme de l'acte de penser généralisé qu'il appelle « l'esprit du temps ». Selon lui, un tel esprit « échappe aux catégories de la raison humaine. C'est un penchant, une inclination sentimentale qui… agit avec une souveraine force sur tous les esprits faibles, et les entraîne. Penser autrement que l'on ne pense en général aujourd'hui a toujours un relent d'illégitimité intempestive, de trouble-fête ; c'est même quelque chose de presque incorrect, de maladif, de blasphématoire, qui ne va sans comporter de graves dangers sociaux pour celui qui ainsi nage de façon absurde contre le courant. Dans le passé, ce fut un présupposé évident que tout ce qui était devait la vie à la volonté créatrice d'un Dieu spirituel ; le XIXe siècle, lui, a accouché de la vérité tout aussi évidente de l'universalité des causes matérielles. Aujourd'hui, ce n'est pas la force de l'âme qui s'édifie un corps, mais au contraire la matière qui par son chimisme engendre une âme… L'esprit doit être conçu comme un épiphénomène de la matière. C'est à cette conception que tout concourt, même lorsque au lieu de parler « d'esprit », on dit « psyché », et au lieu de matière : « cerveau », les « hormones », les « instincts », les « pulsions ». L'esprit du temps se refuse à accorder une substantialité propre à l'âme, car ce serait à ses yeux une hérésie »[9].

Cette charge de Jung contre « l'esprit du temps », et dont il a lui-même pâti, se comprend au sens où il s'agit d'une absence de volonté originale des penseurs d'aller par eux-mêmes vers les phénomènes pour les comprendre, en l'occurrence, la complexité de la Nature, après avoir été nourri par la richesse de l'universalité de l'esprit, c'est-à-dire la science sans ces frontières des écoles de pensée. Dès lors que, dans une analyse rationnelle, on les envisage ou on les pense non en eux-mêmes, en vertu de la subjectivité incontournable à laquelle on consent volontiers dans

---

[9] *L'homme à la découverte de son âme* (P.B.P., Paris 1979)

toute sa plénitude, mais conformément aux impératifs catégoriques d'une doctrine, d'une école de pensée, d'une discipline scientifique qui se décline en « isme », on s'interdit de les connaître réellement. On met en avant ce que Nietzsche appelle « le préjugé scientifique »[10]. On ne voit pas les choses en elles-mêmes puisqu'on s'interdit d'aller vers elles par pur a priori dit scientifique. On se contente d'analyser les phénomènes de sa conscience qui s'empresse de déformer, de méconnaître les choses en question. C'est pourquoi Nietzsche, mais différemment de Jung, s'en prend aussi, à sa façon, à l'arrogance des demi-savants qui croient en un vrai au sens des substances métaphysiques de la philosophie. Ce « monde vrai » se présente à nous, se livre à nous de telle manière que « notre petite raison humaine, notre petite raison grossière pourrait finalement venir à bout ».

Ce faisant, selon ce genre de savants, la complexité des phénomènes visibles et inapparents ne peut être réellement appréhendée qu'en vertu de la seule schématisation mathématique de leur nature. Or, d'après Nietzsche, la Nature est non seulement complexe mais essentiellement protéiforme ; ce qui met en déroute les pouvoirs de la raison mathématique. Aussi, il faut se garder de couvrir les choses de la Nature du voile épais de notre représentation symbolique (mathématique) du monde. Car ce que nous pensons ainsi connaître n'est rien d'autre que le miroir de la projection de notre raison artificielle. En fait, « c'est le bon goût qui l'exige, messieurs, le respect de tout ce qui dépasse notre horizon ! Que seule vaille une interprétation du monde qui donne raison à *vous*, une interprétation qui autorise à chercher et à poursuivre des travaux dans le sens que vous dites scientifique (c'est *mécanique* que vous pensez n'est-ce pas !), que seule vaille une interprétation du monde qui ne permet que de compter, de calculer, de pe-

[10] *Le Gai Savoir* § 373 (Idées/Gallimard, Paris 1975)

ser, de voir et de toucher. C'est balourdise et naïveté si ce n'est démence et idiotie » (p.p. 348-349), remarque Nietzsche dans ce même ouvrage. Puisque la vérité n'est pas forcément inscrite dans les mailles du schématisme ou du symbolisme mathématique et, dans la perspective de la philosophie nietzschéenne qui libère l'esprit pour penser, il nous semble nécessaire d'analyser, de façon personnelle, les faits de l'existence humaine. En effet, nous avons opté pour le parti de confronter des domaines, plutôt des réalités, en apparence contradictoires, pour tâcher de voir ce qu'une telle confrontation permet de comprendre de la complexité du réel humain.

On a coutume, en effet, dans les modes de penser dichotomique, d'opposer la sorcellerie, que nous appelons désormais la manifestation des cerveaux qui développent des pouvoirs exceptionnels dépassant les normes des potentialités des cerveaux ordinaires, et la science. Comme les deux visions ou perceptions des choses dérivent de la même source, en l'occurrence, l'énergie psychique et/ou le cerveau humain, cette opposition radicale fait penser au personnage du dieu italique romain, Janus. Selon la légende, Saturne lui ayant donné la faculté de connaître le passé et l'avenir, il fut représenté avec deux visages tournés en un sens contraire. Sorcellerie et science seraient une double face des pouvoirs de l'esprit humain ayant des champs d'activité, des modes de fonctionnement, voire des pratiques spécifiques et différentes. D'une façon générale, la sorcellerie est définie et perçue de façon négative. Même un dictionnaire spécialisé dans la précision des concepts en anthropologie[11] n'échappe pas à une telle donnée universelle, en vertu de la définition qu'il en donne. On retient surtout l'idée que le partisan de la sor-

[11] (Sous la direction de) Pierre Bonte et Michel Izard : *Dictionnaire de l'ethnologie et de l'anthropologie* P.U.F., Coll. « Quadrige Dicos Poche », Paris 2004.

cellerie (le sorcier) qualifie « les effets néfastes (accident, mort, infortunes diverses) d'un rite ou ceux d'une qualité inhérente au sorcier ». Les auteurs de ce Dictionnaire précisent plus loin les caractères essentiels et universels de ce qu'est un sorcier : « pour de nombreuses populations, le sorcier est un être humain en apparence semblable aux autres mais secrètement doté de pouvoirs extrahumains (parfois à son insu), et responsables des malheurs qui frappent ses proches ». Même si cette définition ne peut être remise en cause, il n'en demeure pas moins qu'elle passe sous silence d'autres facultés inhérentes à la nature de la sorcellerie qui n'inclinent pas forcément au mal.

En fait, si la sorcellerie est ainsi perçue, c'est parce que la nature des activités du sorcier échappe souvent à la perception des sens ordinaires ; pire, ce dernier se complaît lui-même dans le silence qui entoure ses actes. De fait, faute d'y avoir accès, si ce n'est par une initiation singulière, le sens commun s'autorise à qualifier la sorcellerie de croyance superstitieuse. Même si, par une telle perception méprisante, on tente d'apprivoiser la crainte qu'on éprouve à l'égard de ce phénomène humain et de se refuser à tout effort d'approfondissement, à toute forme d'investigation sérieuse dans ce domaine, il n'en demeure pas moins qu'on met à distance de soi le fait que le sorcier soit doué de quelque pouvoir surnaturel. Dès lors qu'il est capable de provoquer le mal, d'appeler la malédiction de l'enfer sur ses proches, il apparaît, dans le cadre de la civilisation occidentale, comme l'ennemi du prêtre de l'Eglise chrétienne, officiant de la bénédiction du ciel. En ce sens, comme le prêtre, le sorcier est censé disposer non seulement de pouvoirs hors normes, mais aussi de savoirs.

En un sens, sorcellerie et science ont, à l'origine, des points communs. C'est, du moins, la thèse de Grillot de Givry que citent Jean Chevalier et Alain Gheerbrant dans leur ouvrage commun : « par des pactes avec le diable, le sorcier procurait des biens matériels et des vengeances personnelles, en contradiction avec les lois de Dieu ; ou encore, il s'adonnait à la divination par toutes sortes de procédés, à la recherche de secrets de la nature pour obtenir des pouvoirs magiques, et toujours en contradiction avec la loi chrétienne. La frontière entre la science et la magie passait surtout par la conscience morale, et nombre de saints, précurseurs de la recherche scientifique[12] furent pris selon les apparences pour des sorciers » [13]. Même si la science se conçoit, entre autres définitions, selon *Le Robert*, comme « le savoir-faire que donnent des connaissances jointes à l'habileté », ou encore « connaissance exacte, universelle et vérifiable exprimée par des lois », il n'en demeure pas moins qu'à l'origine, elle semblait occulte en ce qu'elle était réservée (et pratiquée par) à une élite d'initiés qui en détenaient les secrets. Les prêtres d'Amon, dans les temples de l'Ancienne Egypte, par exemple, avaient les deux figures : ils avaient les secrets des sciences (physiques, chimiques, biologiques) et ils avaient la réputation de redoutables sorciers et, comme tels, craints par tous, y compris des membres de la cour des Pharaons qui n'hésitaient pas à solliciter leurs offices pour éliminer leurs ennemis, leurs rivaux de l'intérieur. Les nombres étaient enseignés aux disciples dans les écoles et les temples égyptiens comme des secrets. Il en

---

[12] L'attitude de l'Eglise chrétienne a été, au cours de l'histoire occidentale, fort ambigüe. Comme elle craignait toute forme de concurrence au niveau de l'exercice du pouvoir temporel, au nom de lois divines et morales, elle a combattu, de façon féroce, toute autre forme de savoir que théologico-religieux. A partir du Moyen –Age, après s'en être inspirée pour édifier la théologie rationnelle, cette même Eglise a cherché à soumettre la philosophie à ses diktats. De même, l'Inquisition a pourchassé, sur toute la surface de l'Europe, les sorciers et surtout les sorcières avant de s'en prendre aux philosophes et aux scientifiques, comme Giordano Bruno, qui professait l'infinité de l'univers et qui fut brûlé sur un bûcher.

[13] *Dictionnaire des symboles* (Robert Laffont/Jupiter, coll. « bouquins », Paris 2002, p.889)

était de même de Pythagore (570-500 av.J.C) qui professait que tout est nombre. Des pythagoriciens, qui regardaient les nombres comme sacrés, pensaient disposer d'une puissance qui faisait trembler les princes de leur temps. On attribuait à Pythagore lui-même des dons extraordinaires, telle la faculté d'ubiquité ; et il semble avoir disparu de la terre de façon aussi extraordinaire.

En Mésopotamie, les rois et les princes s'attachaient les services des mathématiciens considérés comme des mages. Ils étaient supposés avoir une maîtrise sur les forces de la Nature, comme par exemple, la météorologie. Plus près de nous, Galilée raisonnait de la même manière quant à la place des mathématiques dans la connaissance des phénomènes. Selon lui, « la philosophie est écrite dans cet immense livre qui se tient toujours devant nos yeux, je veux dire l'univers, mais on ne peut le comprendre si l'on ne s'applique pas d'abord à en comprendre la langue et à connaître les caractères avec lesquels il est écrit. Il est écrit dans la langue mathématique et ses caractères sont des triangles, des cercles et autres figures géométriques, sans le moyen desquels il est humainement impossible d'en comprendre un mot »[14].

La science est aussi un discours rationnel (*logos*) sur les phénomènes naturels ou humains. Comme ceux-ci se présentent d'ordinaire à l'intelligence humaine sous forme confuse, obscure, cette dernière s'emploie à mieux les comprendre en les simplifiant. Elle décompose les complexités pour les réorganiser de telle sorte qu'elle livre, pour elle-même, du moins, leur sens latent. Dans toutes les branches de la science, comme le reconnaît Duhem, il y a de l'interprétation à l'œuvre. Car les phénomènes naturels ou humains, tout autant que les résultats d'un protocole expérimental ne signifient rien par eux-mêmes. En ce sens,

---

[14] Christiane Chauviré (1980) : *L'essayeur de Galilée* (Belles Lettre, Paris, p.141)

l'esprit scientifique se déploie dans cette activité d'interprétation comme déchiffreur d'énigmes. Duhem pense qu'en physique notamment, l'interprétation est incontournable. En effet, selon cet auteur, « une expérience de physique n'est pas simplement l'observation d'un phénomène ; elle est en outre, l'interprétation théorique de ce phénomène »[15]. Or, parmi les pouvoirs qu'on attribue à la sorcellerie, il y a le don de la voyance et l'interprétation des songes. Comme le terme de voyance est plus vague que divination, certains anthropologues africanistes préfèrent employer ce dernier terme en tant que la divination « peut être une institution initiatique ou bien un don individuel non transmissible ne requérant pas d'apprentissage préalable » [16]. La sorcellerie innée ou acquise, comme on le verra par après, possède entre autres pouvoirs, la vertu de la divination ou de la voyance. Selon les auteurs du *Dictionnaire de l'ethnologie et de l'anthropologie*, la divination comme faculté innée ou acquise apparaît comme un système d'interprétation qui se pratique conformément à des codes culturels relativement aux événements présents, passés ou futurs qui concernent la vie d'un particulier ou d'un groupe humain donné. Ils précisent que « les techniques divinatoires permettent de révéler des événements jusque-là non appréhendés. Les interprétations sont souvent associées à des prescriptions… Lorsqu'elle diagnostique les causes de malheur ou de maladie, la divination est par là même souvent liée aux institutions thérapeutiques » (p.202).

Les philosophes stoïciens, tout rationalistes qu'ils étaient - il n'y a d'opposition sur ce point que pour une pensée dichotomique, donc simpliste et fragile -, pensaient

---

[15] *La théorie physique, son objet – sa structure* (J. Vrin, Paris 1989, p.217)

[16] *Dictionnaire de l'ethnologie et de l'anthropologie* (P.U.F., Paris, p.202)

que l'art divinatoire était rationnel et scientifique. Il s'agit d'une *têkhné mantiké,* ce que l'on traduit par « technique mantique ». Cette technique mantique consiste à interpréter certains phénomènes naturels comme des présages pour l'avenir. Ils la distinguent de la prophétie qui est une parole directement inspirée par les dieux. La mantique rationalise le discours sur l'avenir. C'est, du moins, la position de Cicéron (106 avant J-C.- 43 après J-C), l'un des plus éminents représentants de la philosophie stoïcienne de la période romaine. Son raisonnement est le suivant : comme le cours des phénomènes est soumis au destin, c'est-à-dire au mouvement du cosmos en tant qu'il contient toutes choses dans un déterminisme absolu, il est donné à quelques êtres humains, par des dons singuliers de l'esprit, de saisir l'enchaînement des causes à partir des signes portés par un événement présent. Car les causes des événements futurs sont comme enfermées dans les mailles du présent. Mais, pour les connaître, seuls les dieux en sont capables.

Cependant, « il reste que l'homme s'applique à prévoir l'avenir d'après les signes qui le présagent [...]. C'est là ce que voient aussi bien ceux qui ont de nature le don de prévoir que les observateurs patients du cours des choses : s'ils n'aperçoivent pas les causes elles-mêmes, ils aperçoivent du moins les signes, les indices qui en manifestent la présence [...]. Ils attribuent une signification aux entrailles des victimes, aux fulgurations, aux prodiges, aux phénomènes célestes [...]. Les savants qui connaissent le lever du soleil, de la lune et des autres astres, prédisent longtemps à l'avance quelle position occupera chacun d'eux à tel moment déterminé et, de même, quand on a longtemps observé le cours des évènements et leur succession, on sait ou bien toujours ou, si cela paraît difficile, au moins dans la plupart des cas, ce qui arrivera... Tels sont, avec quelques autres de même sorte, les arguments en faveur de la divination qui se lirent en destin »[17]. Les stoïciens pensent ainsi que la science des devins, celle que les grecs anciens appelaient aussi sorcellerie, comme nous le verrons ultérieurement, n'est pas fondamentalement différente de celle des philosophes ou savants de l'antiquité. Toutes deux se fondent sur une connaissance résultant soit de l'observation minutieuse des phénomènes, soit du savoir des causes de ceux-ci par le truchement du don de la divination.

Cet appariement de la sorcellerie, en tant que disposition innée du cerveau quantique, entre autres, à l'art divinatoire et à la science, se retrouve aussi dans l'orimancie. On le sait, certains songes sont révélateurs des profondeurs de l'âme humaine. En tant que tels, ils peuvent laisser présager des événements futurs en rapport soit avec la vie d'un particulier, soit avec le destin d'un pays, d'un peuple s'ils ont pour auteur un roi ou un prince. On peut retenir de l'Ancien Testament, qui regorge de pratiques sorcellaires, deux événements majeurs qui mettent en valeur la science des acteurs : parmi les nombreux et célèbres oniromanciers, figure d'abord Joseph, qui expliqua le sens du rêve du Pharaon d'Egypte, lequel, par reconnaissance, l'érigea au rang de son intendant. Ensuite, on retient le cas de Daniel qui expliqua le rêve de Nabuchodonosor (Mésopotamie). L'importance des rêves tient au fait qu'ils peuvent prédire l'avenir, annoncer le malheur et le salut. Les songes prophétiques seraient inspirés par une sorte de Destin (l'*Anankè*) qui conduit le cours des événements humains et dans lequel, insérés dans les mailles du temps, nous sommes agis, conduits, ballottés comme des marionnettes, des automates qui ne peuvent guère échapper à ces faits inhérents à leur propre destin.

---

[17] *De la divination*, § LVI, trad. Appuhun (Garnier, Paris 1937, p.111-113)

Les croyances anciennes voulaient d'ailleurs que les divinités ou les démons viennent parler en langage symbolique à l'esprit des êtres humains pendant leur état de sommeil, seul moment où la scission s'opère en chacun de nous pour permettre à notre âme de se libérer du poids du corps et de pouvoir ainsi aller partager la compagnie des autres êtres sous leur modalité invisible. Il appartient alors à l'oniromancien de pouvoir traduire ce langage énigmatique ou symbolique. C'est pourquoi, le rêve, en apparence, nous paraît revêtir un ensemble d'images, d'idées contradictoires, voire absurdes. Le matériel dont nous nous souvenons au réveil paraît schématique, dénué de sens évident à comprendre. C'est en ce sens que Jung n'hésite pas à affirmer que « l'interprétation des songes est une discipline de la sorcellerie et fait à ce titre partie des arts maudits poursuivis par l'Eglise » [18].

Néanmoins, la sorcellerie comme genre des savoir-faire et de pratiques inhérents aux potentialités de l'énergie psychique et/ou du cerveau, comporte des singularités telles que les peuples de l'Afrique subsaharienne ont su les développer tout au long de leur longue histoire sur ce continent, centre des terres émergées et de la vie, qui les rattache à l'Ancienne Egypte, considérée comme la terre et la mère de la magie, de la sorcellerie et de beaucoup de sciences contemporaines, héritières de la Science égyptienne.

[18] *L'Homme à la découverte de son âme* (P.B.P ; Paris 1979, p.75)

## 1. Aporie manifeste de la sorcellerie (discience) des peuples africains subsahariens dans la pensée anthropologique occidentale

### A. Du miroir déformant des sciences humaines à l'aporie des discours sur l'autre

Nous avons déjà longuement analysé cette problématique dans un ouvrage paru chez l'Harmattan[19]. Nous en montrerons ici quelques points saillants. En effet, malgré la grandeur de leur esprit, l'amplitude de leur intelligence spécifique, les anthropologues africanistes ont manqué de patience pour comprendre réellement ce phénomène dont la difficulté singulière est multipliée par le fait justement qu'il ne s'agit pas d'un fait social banal, comme les autres réalités des peuples de cette zone de la terre. Il s'agit de quelque chose d'opaque, diffus, mystérieux en ce qu'il fait appel à une perception supraréelle. Certes, il est rationnel, ou plus exactement, intelligible à l'instar des autres faits humains ou matériels. Aussi, une autre approche de la sorcellerie s'impose nécessairement aux chercheurs qui s'y intéressent ; lesquels peuvent être qualifiés de véritables déchiffreurs d'énigmes.

C'est pourquoi, l'aporie, ou l'absence d'issue dans la compréhension de la sorcellerie, que l'on peut déceler dans la riche littérature anthropologique, tient essentiellement à une idéologie. Celle-ci est définie par *Le Bordas* comme un « ensemble des idées, des croyances d'un groupe humain… d'une époque, par opposition aux faits… sociaux et culturels ». Dans l'économie de cette analyse, cette idéologie peut être regardée essentiellement comme un système de pensée qui fait écran dans l'analyse des faits humains singuliers par rapport à la conscience du

---

[19] *Des pouvoirs réels du sorcier africain-Forces surnaturelles et autorités sociopolitiques chez les Lyéla du Burkina Faso-* (L'Harmattan, coll. « Etudes africaines », Paris 2009)

chercheur. Aussi, qu'il s'agisse des systèmes politiques, économiques ou des systèmes de pensée philosophique et scientifique comme la biologie notamment, avec le recul intellectuel, on décèle aisément les apories et les limites qui ont échappé à la sagacité des auteurs de tels systèmes dans leur analyse de ces phénomènes humains singuliers. Une telle ignorance du jeu déformant de la représentation et/ou de la vision érigée au rang de savoirs objectifs résulte d'une absence de prise de conscience d'un double handicap.

D'abord, et plus sérieusement, il y a toujours eu un frein par rapport à la transparence en soi de ces réalités psychiques et intellectuelles. Et il tient au poids des inconscients collectifs que chacun peut vivre comme un lourd héritage intellectuel. Jung a bien perçu ce phénomène sous sa quadruple dimension. En partant du principe que la conscience nous est plus proche par rapport aux abysses de la psyché humaine, il décèle les niveaux suivants : d'abord, il y a l'inconscient individuel. A ce niveau, l'individu, s'il ne prend pas garde lui-même de ce qui se joue en lui, qui le meut voire le domine, risque de rester prisonnier de l'imago parental durant toute sa vie. Il se conforme, malgré lui et de façon automatique aux représentations de ses parents quelle que soit la nature de celles-ci comme l'hostilité ou, au contraire, la bonne intelligence avec les autres, la bienveillance et l'ouverture à l'autre. En ce sens, l'inconscient individuel est façonné par celui des parents, régi par lui. La plupart du temps, il codifie même ses comportements, son mode de perception des choses. Vient, ensuite, l'inconscient familial, lequel, à son tour, appartient à l'inconscient collectif culturel de groupe. Il façonne les représentations des groupes sociaux et/ou culturels au point d'en faire des catégories sociales étanches, voire étrangères les unes aux autres dans un même pays. Bourgeois, ouvriers, agriculteurs etc., sont des mondes en soi et à part des autres. A ce niveau, on remarque, une forte influence sur les représentations tels les jugements de valeur, les conduites, le sentiment de soi, les choix, la vision des phénomènes ; voire la nature et la perception des rapports avec autrui, des positions politiques elles-mêmes. Juste en dessous de celui-ci se tient l'inconscient collectif de peuple ou d'ethnie.

Celui-ci incline les individus à la défense du semblable, à l'estimation innée de celui-ci. Il est source d'opposition, de luttes, de conflits, de haine même entre les différents peuples. On lui doit les prismes déformants des représentations collectives par la conscience de la dynamique péjorative, obscurantiste de l'inconscient des peuples les uns à l'égard des autres. Il est également source de comportements culturels spécifiques traversés par des stéréotypes difficiles à surmonter. Enfin, il est question de l'inconscient collectif de l'humanité ou océan primordial avec ses archétypes que l'on retrouve partout semblables chez l'espèce humaine. Il définirait ce qu'on pourrait appeler la nature biochimique de ce genre de vivant. Ce sont aussi des facteurs psychiques universels et intemporels. Malgré les mutations historiques, les changements culturels, dans la mesure où ils sont innés, ils demeurent immuables, les mêmes pour tout le monde. Ils s'enracinent dans la matière indifférenciée, qui apparaît comme une sorte de magma, de chaos originel. Ils renvoient aux périodes chaotiques, effroyables même de l'espèce humaine à travers son histoire[20] et dans le temps.

On comprend alors la difficulté pour chacun de se délester de ces poids lourds qui pèsent sur le moi conscient et sa représentation des phénomènes à travers la pensée, la vision rationnelle que l'on peut en avoir. La preuve mani-

---

[20] Toute cette analyse est une libre interprétation de la conception de Jung. La lecture attentive de *L'homme à la découverte de son âme* permet une telle pensée singulière, un tel examen de cette conception de l'être humain.

feste de cette difficulté tient au fait que Jung lui-même n'a pu se départir de ses a priori et préjugés propres à ses contemporains de la fin du XIX$^e$ et du début du XX$^e$ siècle sur les peuples non européens ; en particulier les peuples de l'Afrique noire. Comme pour les soumettre aux volontés des peuples européens, on leur avait dénié toute forme de passé glorieux, d'histoire événementielle, voire de civilisation. Il a été aisé de les qualifier de « primitifs » ; même si, au fond, une telle catégorie, parce que résultant d'a priori, donc infondée dans les faits, n'existe que dans les têtes creuses, en raison essentiellement de l'ignorance qui caractérise encore un très grand nombre d'individus humains. En réalité, tous les peuples sont contemporains et la Nature a, pour ainsi dire, pris beaucoup de plaisir à créer partout la diversité dans la beauté de laquelle elle se mire à l'infini. Aussi, la différence des cultures humaines, hormis l'influence funeste des inconscients ou la pathologie singulière que l'on nomme « racisme », n'est guère synonyme d'une quelconque primitivité d'un peuple, si simple qu'il soit dans sa structure sociale, économique et politique. La mondialisation contemporaine montre à quel point tous les peuples deviennent uniformes, semblables par l'accès au monde culturel occidental et à son mode de consommation, de pensée unique, de formatage et de crétinisme des esprits par la négation de l'exercice de l'esprit critique.

Dès lors, pour transcender un tel poids lourd de l'héritage culturel et entreprendre une pensée qui vise à l'objectivité proche de celle qui a cours dans le champ des sciences dures, il faut opérer une véritable révolution mentale et intellectuelle. Cela suppose l'effort de sortir intellectuellement de son propre contexte culturel pour connaître aussi profondément que possible d'autres espaces culturels, d'autres réalités humaines sans jugements de valeur, sans préjugés. Cette démarche nous confère le statut d'être humain multiple, complexe par l'enrichissement intellectuel. Du haut de cette transformation de soi heureuse, de cette conversion ou mutation mentale, on peut alors exercer librement son esprit critique en établissant des analogies, des contradictions entre les divers champs culturels. C'est en ce sens que peut aussi se comprendre ce que Nietzsche entend par « l'esprit libre » ou indépendant dont il a été question précédemment.

Comme l'accès à ce rang, qui place les individus sous l'angle d'une humanité libérée, consciente de soi et de la révolution accomplie, est une démarche très difficile, Nietzsche en vient à écrire qu'un tel statut ne peut concerner qu'un nombre restreint d'individus : « être indépendant est l'affaire d'un petit nombre ; c'est un privilège des forts. Et qui en prend le risque, fût-ce avec les meilleures raisons, mais sans y être *contraint*, prouve sans doute qu'il n'est pas seulement fort mais téméraire jusqu'à l'extravagance. Il s'enfonce dans un labyrinthe, il multiplie par mille les périls déjà inhérents à la vie, dont le moindre n'est pas celui-ci : que nul ne voit de ses yeux comment et où il s'égare, dans quelle solitude il se fait déchirer, morceau par morceau, par quel minotaure tapi dans les cavernes de la conscience. Un tel homme vient-il à périr, sa défaite a lieu si loin de la compréhension des hommes, que ceux-ci ne ressentent rien, n'éprouvent aucune compassion. Et lui ne peut plus retourner en arrière ; il ne peut plus même retourner vers la compassion des humains ! »[21]

Ensuite, Nietzsche a montré, par ailleurs, que les penseurs, les philosophes, les doctes et les scientifiques oublient facilement que la conception des choses n'est, en définitive, rien d'autre qu'une perspective. Or, la plupart du temps, on en vient à oublier cette évidence par la tentation d'ériger sa vision des phénomènes en une conception objective et universelle. Selon Nietzsche, la philosophie,

---

[21] *Par delà bien et mal* ; § 29 (Idées/Gallimard, Paris 1971, p.47)

tout autant que la science, est une construction perspectiviste du monde, c'est-à-dire un système d'interprétation qui s'oublie ou ignore cette donnée fondamentale. Ce faisant, on ne pose nullement la question de déterminer ce qui est interprété, qui interprète et comment. En ce sens, toute connaissance produite par un esprit singulier et qui vise à se mettre sur un piédestal pour sous-estimer toute autre personne différente de soi n'est, en fait, qu'une reconnaissance, voire une classification qui retrouve dans les phénomènes ce que l'on y a mis. Elle reflète singulièrement notre vie intime, c'est-à-dire la manière dont nous sommes affectés par les contingences du monde environnant, en somme, nos pulsions. Dès lors, le monde pensé, perçu, reflété par et dans nos catégories intellectuelles, lorsque nous tentons une synthèse de l'ensemble de nos connaissances pour le caractériser, n'est jamais le monde en soi, qui nous reste toujours inconnu, mais celui de notre perspective vivante, affective. C'est pourquoi, l'être en soi n'est pas essentiellement l'objet d'une quête de vérité ; il est, pour l'être humain, un mode de vie et d'existence et, surtout, une manière intime et immédiate d'appréhender pour soi-même les phénomènes du monde.

En vertu de ce perspectivisme intellectuel, Nietzsche en vient à reconnaître que la science, à titre de schématisation quantitative, est nécessairement dérivée de notre rapport qualitatif au monde. Au fond, elle en est une simplification en tant qu'elle répond à des besoins vitaux. C'est en ce sens que cet auteur fait la remarque suivante : « … Nous nous rendons compte de temps en temps, non sans rire, que c'est précisément la meilleure des sciences qui prétend nous retenir le mieux dans ce monde simplifié, artificiel de part en part, dans ce monde habilement imaginé et falsifié, que *nolens volens* cette science aime l'erreur, parce qu'elle aime aussi la vie »[22]. Si toute science n'est rien d'autre

[22] *Par-delà bien et mal*, §24 (Idées/Gallimard, Paris 1971, p.41)

qu'une superbe représentation ou interprétation perspectiviste du monde, alors on est en droit de contester le fait que l'anthropologie, sous sa figure ethnologique, s'enseigne et se donne à croire comme une discipline scientifique qui tient un discours réel, vrai, objectif sur les peuples non européens qu'avec ses concepts éculés, surannés, elle continue à mépriser dans les formations universitaires.

Le monde vrai n'étant point accessible à l'intelligence humaine, toute science, en tant qu'interprétation singulière, se réduit à l'apparence. Le vrai n'est pas l'être mais l'apparence. En d'autres termes, la réalité qui nous est accessible ou donnée est, en somme, un résultat qui n'apparaît que dans et par une perspective en tant que structure de notre volonté de puissance, jusque dans les particules inorganiques de notre nature. Ainsi, la pensée de Nietzsche, en tant que pensée de la réalité comme interprétation, nous invite à plus d'humilité et de prise de conscience de nos connaissances lacunaires, partiales et partielles. Il nous invite, de ce fait, à faire voler en éclats toutes les servitudes des doctrines, des dogmes qui visent à cloisonner la pensée dite scientifique dans des carcans trop rigides pour être vrais. En somme, la pensée libre doit être celle d'un esprit libre qui ne craint pas les audaces et qui n'exclut pas du champ de la pensée rationnelle tous les phénomènes de la réalité et de la vie humaines, comme la sorcellerie ou manifestation des cerveaux quantiques par exemple.

### B. La sorcellerie comme conjonction de forces

Dans leur ouvrage commun, les auteurs du *Dictionnaire de l'ethnologie et de l'anthropologie*, à propos de la sorcellerie, reconnaissent que « la difficulté d'étudier la sorcellerie tient d'ailleurs à ce que les épisodes ponctuels, en eux-mêmes triviaux, concernent tant de registres, et si dissemblables : rares sont les anthropologues qui ont eu l'audace de les envisager ensemble » (p.671). Ils insistent sur le fait que la sorcellerie doit être envisagée, en son essence, comme un phénomène complexe. Il s'agit d'un « complexe d'idées », d'un « complexe de pratiques », d'un « complexe d'affects », d'un « complexe d'expériences ». Néanmoins, quelles que soient les figures de la sorcellerie, la singularité et la diversité de ses pratiques, de sa conception chez les divers peuples de la terre, ce qui la caractérise, de façon universelle, tient au fait que son action génère toujours des effets qui peuvent être néfastes. En ce sens, elle apparaît comme fondamentalement mortifère et cette dimension générale est liée à la manière dont elle est ordinairement appréhendée par les consciences humaines, discientes ou unisicientes.

Ainsi, pour prendre une étude dans le contexte européen, Jeanne Favret-Saada[1] qui a conduit des investigations approfondies, pendant de longues années dans le bocage normand, propose une perception courante de ce phénomène qu'on retrouve tel quel sous d'autres cieux comme ceux de l'Afrique subsaharienne. Pourtant, comme sous d'autres cieux, elle partait sur son terrain de recherches avec le sentiment de ne rien savoir à propos de la sorcellerie, en raison du silence des acteurs impliqués dans les modes d'être et de penser par rapport à ce phénomène humain singulier. Comme partout ailleurs dans le monde, à son sujet, le silence est de rigueur tant au niveau des acteurs qu'à celui des spectateurs extérieurs aux réalités intrinsèques aux pratiques sorcellaires. Elle remarque que c'est ce qui explique que la sorcellerie soit un fait méconnu : « de la sorcellerie, on savait donc seulement que c'était inconnaissable : à cela se réduisait l'état des connaissances sur le chemin quand je suis partie sur le terrain »[23]. Dans le cadre du bocage normand, le silence

[23] *Les mots, la mort, les sorts* (Gallimard, Paris 1977, p.18)

autour des pratiques de la sorcellerie tient au fait qu'un tel phénomène est considéré comme irrationnel, renvoyant à un autre âge, notamment au Moyen Âge comme s'il pouvait y avoir de rupture radicale entre les générations d'hommes au niveau des pratiques sociales, des traditions religieuses sous leurs diverses formes et expériences.

Certes, les mentalités sont supposées avoir changé. Même si les habillages culturels connaissent des mutations, néanmoins la continuité au niveau des représentations demeure telle quelle. Selon Jeanne Favret-Saada, les gens s'estiment ou se croient spontanément membres civilisés, éclairés même d'une culture du XX$^{e}$ siècle. La culture des Lumières a fait son effet sur soi. Aussi, étant élevés sur ce piédestal, ils refusent de prendre en compte la sorcellerie qui est rejetée du côté de l'irrationnel et du monde obscurantiste. Selon eux, elle relèverait de pratiques propres aux gens qui sont affectés par une arriération mentale, lesquels sont même réduits « au rang d'arriérés ; d'imbéciles ou de fous » (p.212). En ce sens, quiconque a l'usage normal de sa raison ne peut se laisser entraîner dans ce genre de pratiques fort éloignées du credo social et culturel en la science, en la culture savante et rationnelle ; bref en l'« esprit cartésien ».

Cependant, ce qui est commun à toutes ces croyances relatives à la pratique de la sorcellerie et qui, comme on le verra tout au long de ces investigations, apparaît comme universel, c'est la notion de « force » inhérente en la personne du sorcier, le discient. Même le non-sorcier ou l'uniscient peut avoir hérité de la vie ou de la nature d'une telle énergie c'est-à-dire la force physico-psychique ; ce qui est susceptible d'empêcher les tentatives des sorciers d'avoir accès à sa force vitale en vue de lui créer quelques désagréments ou, pire, de la détruire. Cette destruction, selon Favret-Saada, cause réellement une « cachexie » (p.157). Il s'agit d'un trouble de toutes les fonctions vitales de l'organisme : amaigrissement et fatigue généralisée dans la phase terminale de graves maladies[24]. La médecine allo-thérapeutique est en mesure de diagnostiquer un tel phénomène sans pour autant comprendre la cause réelle de cet état ; d'autant plus qu'il surgit chez une personne bien portante auparavant et qui finit par causer sa mort. Cette « force », qu'il convient de qualifier d'énergie physico-psychique du sorcier, pose un problème d'intelligibilité rationnelle. Et pourtant, cette puissance du cerveau paraît indéniable dans la nature des faits et dans le champ des pratiques sorcellaires. Selon Jeanne Favret-Saada, « le sorcier, en effet, est pourvu d'une certaine quantité de « force » magique, c'est-à-dire une force qui est supposée produire ses effets sans passer par les médiations ordinaires : dans le cas présent, ce pourraient être la lutte du corps à corps ou l'empoisonnement. L'objectif du sorcier, c'est d'attirer à lui, par des moyens *magiques*, la « force » ou l'énergie *vitale* d'un être qui serait totalement dépourvu de moyens *magiques* de la défendre. L'ensorcelé, pour sa part, tente d'éviter la mort ou la déperdition totale de sa force *vitale* en faisant appel à qui serait pourvu de force *magique*. Le désensorceleur, enfin, espère qu'il peut mobiliser contre le sorcier une force *magique* plus grande afin de le contraindre à rendre à l'ensorcellé la force *vitale* qui lui avait été ravie. La défaite du sorcier consistant dans la perte d'une certaine quantité de force *vitale*, on peut dire que *ce qui circule*, dans une crise de sorcellerie, c'est la force vitale ; mais que *ce qui la fait circuler, c'est la force magique* » (p.125).

Dans le contexte culturel des peuples africains subsahariens, les pratiques sorcellaires mettent sur la scène de la vie ces trois figures de personnes. Selon Diaboado Tankoano, un jeune prêtre de religion naturelle Gourmantché à Kantchari (Burkina Faso), le sorcier psychophage est un être doué naturellement ou non d'une énergie physico-

[24] *Le Petit Robert* (Paris 1970)

psychique, c'est-à-dire d'une puissance exceptionnelle. Celle-ci apparaît comme le secret absolu des sorciers chez ces peuples. Elle permet de dépouiller, au sens littéralement du terme, comme on le ferait d'une bête qu'on vient d'abattre, la vie d'une victime humaine désignée. Il s'agit d'un véritable rapt de sa substance vitale ou vie neurovégétative. C'est elle qui intéresse les sorciers au sens où, grâce à la puissance de la substance dite sorcellaire, ils peuvent la soumettre, selon leurs désirs ou leurs besoins insatiables de manducation de biopsychés, à toutes sortes de transsubstantiations. Le sorcier apparaît comme un être habité par une entité mortifère singulière ou puissance sorcellaire qui s'empare de sa volonté pour agir à sa guise. Car c'est bien l'entité sorcellaire naturelle ou dérivant d'un médicament, d'un produit résultant d'un mélange complexe de substances minérales, animales, végétales, qui s'empare de leur propre psyché et leur confère la faculté de se dépouiller de leur corps pour aller causer des dégâts parmi les membres de leurs propres familles.

Or, cette faculté de causer la mort à un être humain sans effusion de sang est la propriété exclusive des « gens de la nuit » ou sorciers biopsychophages innés. Une telle inclination au mal, à la destruction de la vie humaine est irrépressible chez ces derniers. A la limite, on pourrait dire que le sorcier est un malheureux être manipulé par une entité diabolique plus forte que toute sa puissance naturelle propre ou biopsychique. Il en est littéralement le jouet, dès lors que sa force suprasensible agit toujours de façon maligne, sans aucun moyen de la contrôler ni même de la maîtriser. En effet, selon ce jeune prêtre, l'entité maligne en question peut contraindre la personne, en tant que monture de cette force, à faire le mal, à tuer, par exemple, un membre bien-aimé de sa famille à l'insu de soi-même et/ou contre son gré. Une fois le décès déclaré, le malheureux sorcier, qui a dû être obligé d'agir ainsi inconsciemment en causant la mort de quelqu'un, est pris de remords terribles. Mais, si c'était à refaire, il le referait sans hésiter.

Dans ce contexte, la (ou les victimes) potentielle du sorcier, si elle est avisée des dangers qu'elle court, en vertu des actions mortifères engagées contre elle, et si elle est consciente des limites ou des résistances insuffisantes de sa propre force, est conduite à recourir aux services des prêtres théurgiques pour protéger sa vie. Comme ces derniers eux-mêmes sont doués de la perception extrasensorielle ou la discience, puisque la singularité de leur force consiste essentiellement à lutter contre les abus, les actes antivitaux des sorciers maléfiques, ils entreprennent alors soit de les détruire, soit de les empêcher de nuire à la vie de leurs protégés. Certes, Diaboado Tankoano reconnaît que ce qui est détruit en eux, c'est leur vie neurovégétative. Mais, l'entité maligne est épargnée ; ou survit à la mort corporelle du symbiote. Celle-ci est comme un *jinn* ou un esprit qui ne meurt pas. Elle est seulement chassée du corps de son hôte dont la biopsyché est soumise à la manducation par les autres sorciers du cercle ou collège auquel il appartenait de son vivant. A l'inverse, l'entité maléfique se met aussitôt en quête de la biopsyché d'une autre personne à investir pour continuer à satisfaire sa faim irrépressible de vies humaines ou sa soif incontrôlable de sang humain, si telle est la nature intrinsèque de son entité maléfique.

Même si Marie-Cécile et Edmond Ortigues analysent bien la nature de ce phénomène au Sénégal, les actes sorcellaires, en l'occurrence, ils ne peuvent s'empêcher d'en rester à la périphérie. En tant qu'étrangers à la nature réelle de ces faits, ils en viennent à parler de « fantasme de dévoration » au mépris de la sincérité du discours de leurs interprètes ou informateurs. Une telle erreur de lecture tient à deux faits : d'abord, l'inconscient collectif de culture et/ou ethnique - au sens grec du terme *ethnos,* qui signifie peuple - de ces auteurs les incline naturellement à tenir un discours qui entre dans le cadre d'une science ou d'une discipline universitaire, en l'occurrence, la psychologie. Il n'est, d'ailleurs, recevable en Occident qu'à ce prix ; même si la traduction des faits étudiés sur le terrain n'est rien d'autre qu'une manipulation intellectuelle. On inscrit le discours de l'autre qui fait l'objet d'étude dans un cadre doctrinal pétri de rationalité recevable. Car il est perçu comme « primitif » et, donc, non rationnel afin de pouvoir schématiser sa représentation conformément à la perception générale de l'anthropologie et de l'ethnologie universitaires. Il n'en demeure pas moins que ce discours de l'autre, qui parle des faits de sa réalité socioculturelle, reste vrai. Le docte se contente de le transcrire sans y accorder aucune espèce de foi. Ainsi, les Sérer du Sénégal pensent que « le sorcier mange le *fit*, ce qui désigne en même temps le foie et une composante de la personne, la force vitale[25], l'énergie organisée, le courage. Le sorcier peut se transformer en animal pour faire peur à sa victime et lui prendre sa force vitale ; il peut aussi durant le jour atteindre un individu par l'intermédiaire de l'ombre que celui-ci projette sur le sol ou par la trace de ses pas, ou simplement par un regard, par un geste qui l'effleure. La victime, dévitalisée, meurt au bout de quelque temps »[26].

Cette analyse confirme certains aspects du discours précédent de Diaboado Tankoano. En effet, l'extraordinaire force dont dispose le sorcier sur ses victimes potentielles ne vient nullement de son propre fond, en tant que sujet humain ordinaire, mais bien de l'entité ensorcelante maléfique dont son être a le malheur d'héberger soit par hérédité soit par transmutation acquise. Dans le premier cas, le sorcier naît avec cette entité incorporée à sa biopsyché ; dans le second,

---

[25] On retrouve la même expression dans les études de Jeanne Favret-Saada sur les phénomènes sorcellaires dans le bocage normand (France).

[26] *Œdipe africain* (Plon, collection 10/18, Paris 1973, p.241)

il l'acquiert chez des prêtres théurgiques, spécialistes de ce genre d'initiations dangereuses, dans l'intention de nuire à la vie des membres de sa famille et devenir ainsi puissant et redoutable à leurs yeux. Car selon lui, le vrai pouvoir réside dans la capacité de la sorcellerie à dominer, à tuer des êtres humains sans effusion de sang. Ce pouvoir confère une jouissance infinie. C'est donc cette entité qui confère aux sorciers biopsychophages la faculté de se transformer en toutes sortes de bêtes vivantes, le vivant étant susceptible de prendre toutes les figures protéiformes possibles. Ainsi, sous ces figures singulières, le sorcier peut causer des maux au milieu des hommes, ou de son propre groupe social.

Ensuite, comme les manifestations des sorciers ont lieu généralement au cours de la nuit, et que le rapt des âmes s'opère pendant le sommeil sous forme de rêves, M.C et Edmond Ortigues sont comme légitimés à parler de « fantasme de dévoration » qui hante les Serer au quotidien. Dans nos propres travaux, nous avons, à maintes reprises, montré[27] qu'il y a deux sortes de rêves : d'abord, les peuples subsahariens reconnaissent la part du rêve comme besoin du cerveau pendant le sommeil ; ensuite, il y a une seconde phase du cerveau qui s'opère comme les processus neuronaux oniriques, mais qui n'en sont guère. Cet état singulier du cerveau humain confine la vie psychique dans l'état de sommeil, mais en laissant l'âme se délester du corps pour aller vaquer, hors de l'espace et du temps, dans toutes les zones de la terre où ses penchants et désirs la conduisent. Les raisons de ces voyages nocturnes ne sont pas toujours très clairement expliquées ; du moins, l'uniscient les ignore. Il est établi qu'il s'agit de simples besoins de promenades, de voyage astral à l'instar de l'individu à l'état de veille qui est habité et mû par des

[27] *In* Pierre Bamony, « Science et anthropologie : de la notion d'âme en général et de singulière conception chez les Lyéla du Burkina Faso » (Sankt Augustin, *Anthropos,* p.p. 548 554-95-2000)

désirs et besoins semblables pendant le jour. Il s'agit donc de deux modes d'existence propre à tout un chacun. Or, c'est pendant la période de voyage nocturne que les sorciers posent des pièges à l'âme, leur victime, pour la capturer et, par la suite, l'annihiler aux fins de satisfaire à leurs besoins irrépressibles de bio-psychophagie.

## 2. Figuration, pensée et manifestation de la sorcellerie chez divers peuples

Une brève analyse des modes opératoires de la sorcellerie/magie et de la science

Avant d'aborder cette forme particulière des pouvoirs du cerveau humain connue sous le nom générique de « sorcellerie » chez quelques peuples hors du continent africain, il semble nécessaire de clarifier différentes pratiques de la magie, de la science et de la discience. D'abord, malgré le triomphe contemporain de l'esprit scientiste matérialiste, différent de l'esprit scientifique, la magie est aussi vieille que la vie du genre humain lui-même ; et elle se rencontre partout. On comprend qu'un philosophe comme Schopenhauer puisse s'interroger à juste titre sur la permanence et la vivacité de cette réalité humaine. C'est en ce sens qu'il écrit : « on s'étonne ici de la persistance avec laquelle, malgré tant d'échecs, l'humanité a poursuivi partout et toujours l'idée de la magie et on en conclura qu'elle a des racines solides »[28]. Selon *Le Robert*, la magie dérive du grec *mageia* ou « religion des mages perses ; mais cette étymologie du mot a aussi le sens de « sorcellerie ». En effet, qu'il soit question du magicien et/ou du sorcier, il s'agit toujours, selon ce dictionnaire de « l'art de produire par des procédés oc-

---

[28] In *Dictionnaire de l'ethnologie et de l'anthropologie* (sous la direction de Pierre Bonte et Michel Izard) P.U.F, Paris 2004, coll. « Quadrige »

cultes des phénomènes sortant du cours ordinaire de la nature. » Dans le langage courant des peuples européens du Moyen Âge, en vertu des pouvoirs que détient cette sorte d'art qui semble visiblement perturber les lois de la nature, on parle volontiers de la « magie divine », tolérée par les églises chrétiennes et de la « magie démoniaque » condamnée par celles-ci. Ce qui les distingue réside en ceci : la première est favorable à la vie, répare les maux, est au service du bien, à l'inverse de la seconde qui nuit à la vie, cause des dégâts au milieu des êtres humains. Dès lors, la magie, autant que la science, ont des points communs tant à l'origine que dans les différentes sphères de leurs activités présentes.

D'abord : le secret. Nul ne conteste aujourd'hui que la plupart des sciences contemporaines proviennent de l'Egypte ancienne et de la Mésopotamie par les philosophes grecs. Ainsi, en mathématiques, le nombre pi, dans l'Egypte ancienne, était utilisé depuis le Moyen Empire et, sans doute, auparavant sous l'Ancien Empire. Il servait à calculer l'aire du cercle et la valeur qui lui était attribuée était de 3,16, ce qui donne à Pi une précision avoisinant le 0,6%. La géométrie égyptienne est donc considérée comme la plus ancienne des géométries et la plus correcte. Elle contient même tous les éléments de la géométrie contemporaine. De ce point de vue, on peut la considérer comme la mère de toutes les géométries connues de nos jours. En outre, les géomètres égyptiens avaient inventé tous les moyens de pratiquer cette science comme, par exemple, le compas, les règles sous leurs différentes formes, les équerres etc. L'astronomie égyptienne, tout autant que la cartographie du ciel, maîtrisait fort bien - elle était même concise sur - la description du mouvement du soleil et le calcul exact des éphémérides. Notre zodiaque contemporain n'est rien d'autre que le calendrier des saisons égyptiennes. Telle est, du moins, la thèse défendue par les auteurs du *Nout-Le Cosmos des Pharaons.* Ils écrivent, en effet que « le zodiaque de Dendara… est l'exemple le plus célèbre de la fusion des cultures égyptienne et grecque des esprits dans le domaine qui nous intéresse ici.

Attirés par la renommée de la science du pays du Nil, les Grecs, installés au « Musée » (c'est-à-dire à la bibliothèque) d'Alexandrie, ont su bénéficier du savoir considérable, accumulé au cours des millénaires par les savants égyptiens, en le repensant avec leur esprit analytique à la lumière des traditions et symboles, tout en les respectant, car ils en ont incontestablement une connaissance approfondie auprès des sages des temples »[29]. En ce sens, les Egyptiens avaient pensé et conçu une astronomie rationnelle bien avant les philosophes grecs. Il ne s'agit donc pas d'une science empirique, comme les gens de mauvaise foi ont tendance à le croire, du seul fait qu'elle avait des applications au quotidien dans la vie des hommes. Ces données historiques ne peuvent être mises en doute aujourd'hui, comme le confirment les auteurs de l'ouvrage précité consacré aux sciences égyptiennes et à leur heureuse influence sur la civilisation occidentale. Car concernant les paysages du ciel (astres, planètes, étoiles etc.) et leur dénomination « l'astronomie moderne a pieusement conservé cette nomenclature, transmise par les Grecs et les Arabes, lesquels y ont ajouté leur propre terminologie. Si donc nous désignons encore aujourd'hui les étoiles, les planètes et leurs satellites de notre système solaire, ainsi que les constellations et nombre d'étoiles de notre galaxie elle-même, la Voie lactée, par des noms mythologiques, latins, grecs ou arabes, il ne faut pas oublier que le principe en remonte aux lointains astronomes des rives du Nil et de l'Euphrate » (p.33).

---

[29] Ruth Schumann Anthelme, Stéphane Rossini : *Nout-Le cosmos des Pharaons,* Préface de Trinh Xuan Thuan (Rocher, coll. « Champollion », Paris2007, p.139)

C'est en ce sens que l'on peut comprendre ces sages maximes de l'Ecclésiaste (40-9-11) : « ce qui a été, c'est ce qui sera, et ce qui s'est fait, c'est ce qui se fera, il n'y a rien de nouveau sous le soleil. S'il est une chose dont on dise : vois ceci, c'est nouveau ! Cette chose existait déjà dans les siècles qui nous ont précédés. On ne se souvient pas de ce qui est ancien ; et ce qui arrivera dans la suite ne laissera pas de souvenir chez ceux qui vivront plus tard »[30]. Dans cette perspective, toute découverte est, en un sens, redécouverte. L'invention, l'originalité dans l'ordre des sciences et des techniques fondamentales résident dans un bel habillage à une époque donnée. Le génie humain se tient essentiellement dans la conceptualisation continue des réalités triviales et/ou ataviques ; bref, dans la rigueur ou la beauté des discours scientifiques pour rendre compte, sous un jour nouveau, de ce qui est connu depuis longtemps, mais oublié par des générations ultérieures successives en vertu des nécessités et des pratiques humaines, comme l'impératif catégorique de satisfaire des besoins vitaux.

Ces savoirs rationnels, donc, que les philosophes grecs se sont appliqués à apprendre et à poursuivre en les perfectionnant suivant les normes de leur esprit, sont d'autant plus incontestables que les savants égyptiens, dans leurs fameuses *Maisons de vie*, étaient de véritables chercheurs pluridisciplinaires : mathématiques, astronomie, médecine, biologie, taxinomie des animaux etc., ainsi que l'attestent Ruth Schumann Anthelme et Stéphane Rossini : « les astronomes de l'ancienne Egypte étaient souvent des prêtres. En effet, les temples étaient les gardiens de tout le savoir accumulé au cours des générations, dans quelque domaine que ce fût. Leurs prêtres dispensaient un enseignement à tous les échelons : de l'école primaire, si l'on peut dire, jusqu'au niveau universitaire. Non seulement ces doctes

---

[30] *La Sainte Bible,* par Louis Segond, 1937, Paris.

professeurs enseignaient, mais ils accomplissaient également un travail de recherche et exerçaient les professions relevant de leurs spécialités respectives. Tous étaient des « scribes », ce qui leur permettait d'accéder pratiquement à toutes les fonctions, et même les plus élevées, dans cette société fortement hiérarchisée. Dans leurs inscriptions tombales, ces hauts personnages déclinent fièrement la liste de leurs titres : scribe royal, prêtre de tel dieu, majordome de sa Majesté, médecin, astronome (et aussi magicien…), architecte, ministre des finances, ambassadeur, général, etc., voire vizir et même vice-roi » (p.p. 27-28)

Comme de nos jours où l'on garde un secret absolu sur des recherches pointues, dans des laboratoires secrets sur les systèmes d'armement, la recherche appliquée en médecine, en pharmacie, dans le monde de l'industrie et de l'agrobiologie tel le système de brevets, les sciences étaient l'apanage de quelques-uns. Les écoles étaient réservées à des privilégiés au sens où la majorité des Egyptiens ignoraient de tels savoirs. La caste des fonctionnaires, des militaires et des prêtres gardait jalousement le silence sur leurs sciences. Seuls leurs disciples, dans les *Maisons de vie*, avaient le privilège d'accéder à cet univers clos, fermé et secret des connaissances scientifiques. Les prêtres, en particulier, avaient des connaissances très pointues en médecine, détenaient la science de l'embaumement des corps ; une science que le genre humain a malheureusement perdue avec la disparition de ces castes de prêtres qui vivaient essentiellement dans les temples où ils cultivaient les sciences par des expériences, voire des expérimentations continues. Ils étaient au service des Pharaons, des princes et des princesses, bref des notables de l'Etat pour préparer l'éventuel embaumement de leur corps.

Cet art du secret, sans doute hérité de l'Egypte, s'est conservé pendant toute la glorieuse période de la philosophie grecque. C'est surtout à Alexandrie (la *Maison de vie*) que la science égyptienne a nourri la science grecque. En ce sens, les Egyptiens sont, par la médiation des philosophes grecs, l'une des sources de la science moderne. Des philosophes et scientifiques comme Euclide, Thalès, Pythagore, voire Platon lui-même, selon certaines sources historiques, celles de Hérodote notamment et certains témoignages de Platon lui-même, ont fait le voyage à Alexandrie pour s'instruire. Telle est aussi la thèse de Husserl sur cet enseignement des Egyptiens aux Grecs. En effet, il est historiquement reconnu que « la philosophie, la science des Grecs, ne serait pas leur création distinctive et qu'ils n'auraient fait que la diffuser dans le monde. Eux-mêmes abondent en récits sur la sagesse égyptienne, babylonienne, etc., même en fait ils ont beaucoup reçu d'eux. »[31] Parmi ces scientifiques grecs, c'est surtout Pythagore qui a hérité des Egyptiens le culte du secret dans l'acquisition des sciences. Fondateur de communautés philosophico-religieuses ayant pris racine le long des côtes méditerranéennes grecques et italiennes, soudées par une doctrine fondée sur la culture du secret, Pythagore professe que tout est nombre et que les nombres gouvernent le monde. Certes, des historiens de la philosophie pensent que cette conception des nombres était empreinte de moralité et de magie, c'est-à-dire d'un très grand mysticisme.

D'après un ouvrage sur les philosophes présocratiques, « Pythagore passait depuis longtemps pour un thaumaturge, un intermédiaire entre les dieux et les hommes, en un mot un daimone »[32]. On comprend que les spéculations de ses disciples relatives à la géométrie, à l'arithmétique, à la physique, voire au cosmos soient considérées par les puristes ou les scientistes contemporains comme dénuées

---

[31] *La crise de l'humanité européenne et la philosophie* (Aubier, Paris, 1987, p.45)

[32] *Les penseurs grecs avant Socrate-De Thalès de Milet à Prodicos-*Traduction, introduction et notes par Jean Voilquin (Garnier/Flammarion, Paris, 1964, p.38)

d'esprit scientifique[33] au sens contemporain du terme. En mathématiques, les Pythagoriciens ont beaucoup spéculé sur les nombres. En un sens, et comme il fallait s'y attendre, surtout de la part des esprits étroits de notre temps, leur conception leur semble assez archaïque et relève, pour une bonne part, de la magie. « Tout est nombre » proclament-ils. Le nombre est la raison de tout »[34].

C'est donc cette dimension métaphysique – la science, la mathématique, la morale et la magie étaient considérées comme un tout expliquant les phénomènes - des enseignements des Pythagoriciens qui les a conduits à la culture du secret. Quelles en sont les raisons essentielles ? D'une part, l'entrée dans les écoles pythagoriciennes était soumise à une sévère sélection ; d'autre part, on y prônait la pauvreté et la vie austère pour chaque disciple ; enfin, on exigeait de chacun d'eux la capacité à garder le silence, le secret relatif à tout ce qu'on y pratiquait et apprenait. En d'autres termes, les disciples étaient tenus de garder le silence pendant cinq ans et, par la suite, le secret le plus strict dans la mesure où il leur était interdit de révéler leurs connaissances à l'extérieur des écoles. Mieux, les textes publiés devaient aussi rester secrets et lisibles par les seuls initiés. Ils étaient rédigés dans un langage à double sens et inintelligibles pour les non-initiés : il était question de *sumbola* ou symboles, et d'*ainigmata,* soit les énigmes. Comme la plupart des connaissances se transmettaient de bouche à oreille, ce procédé renforçait d'autant plus la

---

[33] De tels auteurs raisonnent de façon fallacieuse : ils supposent que les penseurs du passé auraient dû avoir la science infuse leur permettant de transcender les siècles. Ils ont tendance à oublier qu'en dépit de la grandeur de leurs esprits, ces philosophes et scientifiques du passé sont les fruits de leurs époques, de la culture de leur temps qui a dû les pétrir à son image. Il s'agit donc, et dans ce cas, de faux procès. Car, comme tout être humain, nul ne peut échapper aux influences de son temps.

[34] Ibidem, p.39

culture du secret. On retrouve une telle nécessité du secret dans la magie. Le mage, de *magos* ou « prêtre excellent », est celui qui a été initié à des savoirs qui lui permettent, en connaissant les forces de la nature et en y puisant des moyens ou des savoir-faire appropriés pour agir, de s'élever spirituellement et psychiquement, selon les cultures des êtres humains. Les savoirs magiques sont ésotériques, qui se transmettent seulement par l'initiation. C'est justement parce que la magie se veut secrète qu'on lui refuse la qualité de science dès lors que la science peut s'enseigner.

Ensuite, depuis l'Egypte ancienne, la science s'enseigne. En effet, les scribes, les prêtres, les militaires, en somme les fonctionnaires étaient nombreux et partout présents dans l'Etat. Ils étaient chargés de former des élèves dans les écoles dont l'école d'élite du Kep qui donnait un enseignement de haut niveau. Dans les *Maisons de vie,* certains de ces enseignants étaient des chercheurs pluridisciplinaires puisqu'ils professaient à la fois la médecine, les mathématiques, l'astronomie etc. C'est de cette manière que les philosophes et scientifiques grecs seront, eux aussi, ultérieurement des disciples des Egyptiens. Cependant, l'argument qui consiste à nier à la magie toute forme de scientificité, du fait qu'elle ne peut s'enseigner, n'est pas tout à fait justifié. A titre d'exemple : dans la pratique médicale, on doit apprendre à cueillir certaines plantes à des dates précises, puis administrées à des patients un certain nombre de fois. A cet effet, des chiffres comme le 3 ou le 7 et leurs multiples doivent être observés et rigoureusement respectés. La récitation d'incantation fait partie de l'efficacité d'un remède pour ce qui est de la magie appliquée à la thérapeutique ; et non celle par laquelle on cherche l'excellence de son esprit, par des connaissances appropriées. Or, sans un apprentissage adéquat, un enseignement qui passe par une initiation dans des cercles qui pratiquent cet art soit sous la figure de spiritualité pure, soit sous sa forme de thérapie, il est impossible de devenir magicien[35].

Enfin, à l'instar de la science appliquée, voire de la science fondamentale dont les découvertes peuvent avoir d'heureuses conséquences dans le champ des applications, la magie se fonde sur la maîtrise d'une technique en vue de son efficacité. On sait, par exemple, que l'ingénierie égyptienne avait atteint un niveau d'efficacité impressionnant. Trente ans pour construire chacune des grandes pyramides attestaient de ce fait, en l'occurrence, la maîtrise des techniques dans l'édification des monuments le long du Nil, de la Basse à la Haute-Egypte. Ainsi en est-il de la taille des gigantesques blocs de pierre de la pyramide de Khéphren, œuvre effectuée par 20.000 ouvriers. On se demande comment ils ont réussi aussi parfaitement que possible à joindre des blocs si énormes et à les monter là où on les trouve aujourd'hui ; et à une si grande hauteur. Qu'il s'agisse des temples, des tombeaux, des obélisques, l'étonnement est le même par rapport à cette démesure, à cette tâche surhumaine. De même, dans la pratique de l'embaumement, les médecins égyptiens avaient non seulement une connaissance approfondie, mais même la maîtrise de technique pour explorer le corps humain. Ils savaient identifier un grand nombre de maladies. Ils avaient acquis une compétence en cardiologie, gynécologie, ophtalmologie, voire dans les parties intestinales et urinaires. C'est ce qui expliquait qu'ils pratiquaient avec succès des opérations sur le corps humain.

La maîtrise de la technique n'est pas non plus absente de la magie ; et son domaine a affaire à la fois aux phénomènes

---

[35] Tel est aussi, selon Alexandra David-Neel, l'essence même des enseignements religieux et psychiques dans les monastères tibétains. Certains d'entre les moines, depuis leur tendre enfance, s'exercent pour acquérir quelque perfection spirituelle. En revanche, d'autres y recherchent le pouvoir psychique pour commander aux phénomènes et dominer sur les êtres humains.

naturels et à l'univers surnaturel. Selon Jean-Jacques Gabut, la magie a « ses règles, ses lois, ses rites et ses mystères… [Elle] tient à la fois de la cuisine et du miracle, qui unit la parole aux objets de son culte sacralisés dans des objectifs précis, avec talismans, pentacles, amulettes… »[36]. De nos jours, les sciences du vivant s'autorisent même à parler du « réenchantement du monde »[37]. Or, le terme d'enchantement, suivant son étymologie latine, *incantare,* ou « prononcer des formules magiques »[38], comprend le mot charme ou envoûtement sous l'effet d'une action sorcellaire ou magique. Le monde enchanté se compose d'entités efficientes susceptibles d'une auto-organisation soit *per se,* soit suite à une libre intervention de l'être humain. Ces entités efficientes auto-organisantes peuvent produire des effets divers avec une interface négative/positive, liante/déliante, curative/mortifère, thérapeutique/destructrice etc., suivant la manière dont elles sont sollicitées, manipulées par l'énergie psychique, source potentielle de forces ésotériques ou l'énergie rationnelle.

Car les sciences du vivant découvrent aujourd'hui que la frontière entre l'animé et l'inanimé, voire entre le vivant et le non-vivant, en réalité, n'existe presque pas. Ainsi, selon Henri Atlan, l'étude des structures physico-chimiques dites non biologiques est tout à fait assimilable à la manière de représenter les organismes vivants. En d'autres termes, « tout ce qu'on croyait être une matière différente parce que « animée » s'avère exactement la même matière que celle qui est dite « inanimée », mais organisée différemment »[39]. Il existe donc des formes d'organisations différentes qui ont des niveaux variés de complexité. Dès lors, selon Henri Atlan, qui

---

[36] *La magie traditionnelle* (Dangles, coll. « Grand angle/Symbolisme, Paris 1999, p.13)

[37] Ilya Prigogine et Isabelle Stengers : *La nouvelle Alliance : métamorphose de la science* (Gallimard, Paris, 1973)

[38] *Dictionnaire de la langue française* (Bordas, Paris 1986)

[39] *Le monde s'est-il créé tout seul ?* (A. Michel, coll. « Entretiens/clés », Paris, 2008 ; p.177)

se fonde sur la conception spinoziste du *Deus Sive Natura,* dans son *Ethique*, ce qu'on appelle ordinairement vie et non-vie renvoie à des réalités qui ne sont pas fondamentalement différentes dans leur substance même. De même le non-humain et l'humain sont composés d'une substance semblable. Cependant, même s'il n'est pas un « empire dans un empire », selon la célèbre formule de Spinoza, l'être humain, en vertu de cet apparentement avec les structures élémentaires de la matière, peut, à partir d'elles, créer de la vie artificielle sous la figure d'êtres artificiels. Ces entités peuvent être générées et/ou mises en branle par les pouvoirs psychiques ésotériques. Sous cette interface hors du champ de la raison mécaniciste, elles sont imperceptibles par les sens ordinaires. Il en est de même des particules de la matière sur lesquelles la mécanique quantique travaille et avec lesquelles elle élabore une nouvelle vision scientifique/irrationnelle du monde. Cependant, celles-ci sont réelles dans leur propre champ d'action puisqu'il y a des interactions entre les êtres humains et leurs artifices au service des premiers, à la manière dont la sorcellerie/magie opère sur le vivant et sur la matière en vertu de leurs structures élémentaires appariées.

Mais, à la différence dont la science contemporaine opère sur la matière, la magie se fonde sur le principe qu'il existe un agent universel, une puissance unique dans la nature. En acquérant des techniques ad hoc, on est en mesure de changer la nature des choses, de bouleverser le cours des phénomènes dans un sens ou dans l'autre c'est-à-dire en bien ou en mal, dans l'intérêt ou contre l'intérêt des sujets humains soit sauver ou nuire, soit détruire. C'est ce qui fait dire à Jean-Jacques Gabut que « la magie est toujours vivante. Vivante aujourd'hui comme naguère parce que protéiforme, capable de s'adapter au monde, à tous les mondes, capable de mourir et de renaître, tel le Phénix, sous les visages les plus neufs, les plus inattendus. La magie reste universelle parce qu'elle n'a point d'âge- …- et parce qu'elle correspond toujours, en tout temps et en tout lieu, à la soif inassouvie de l'homme pour le féérique, le merveilleux, l'inexpliqué et l'inexplicable, bref ce surnaturel, cette surnature sans laquelle la nature ne serait que ce qu'elle est... » (p.14). Selon cet auteur, la magie peut être considérée comme un nom générique sous une double dimension à la fois contradictoire et complémentaire : la magie blanche qui est « l'affaire des chamans, des guérisseurs, des mages proprement dits » et la magie noire ou « celle des sorciers, des jeteurs de sorts, des serviteurs de Shatan... » (p.17).

Si on s'accorde avec une telle définition du développement de cette propriété des pouvoirs du cerveau humain, on verra que la magie comme genre de savoirs sous diverses figures, dont sa forme connue sous le nom de sorcellerie, est un phénomène fort répandu parmi toutes les sociétés humaines.

### A. La Grèce antique

Ainsi, la magie, sous sa double dimension, comme art du magicien ou du sorcier, n'est pas totalement dénuée de connaissances occultes positives. C'est grâce à celles-ci qu'elle est censée être capable, par des procédés spécifiques, d'agir sur les phénomènes naturels, de produire des effets qui sortent du cours ordinaire de la nature. Ceci tient au fait qu'elle repose sur la croyance et/ou cette autre forme de science - mais celle-ci n'est pas réductible aux seuls pouvoirs de la raison, c'est-à-dire à ses procédés, à sa vision, à sa construction du réel spécifique - selon laquelle Dieu, l'Agent créateur et origine de tout ce qui est, continue d'animer sa création par la puissance de son verbe. Son souffle est en tout et on peut dire que l'air, le vent, les flammes, les arbres, les roseaux, l'onde, les minéraux respirent, vivent sous des formes multiples. Tout est vie et l'âme traverse de part en part tous les niveaux inimaginables de la création et/ou de la Nature. C'est ce qui rend possible l'efficacité des pratiques magiques/sorcellaires. Marcel Mauss soutient même l'idée que la technique, en tant que transmission proprement humaine, ne doit pas être distinguée des diverses manières dont on en fait un usage. Car, somme toute, quelle que soit sa figure, elle est liée au corps humain. C'est ce qui l'amène à redéfinir ainsi la technique : « j'appelle technique un acte *traditionnel efficace* (et vous voyez qu'en ceci il n'est pas différent de l'acte magique religieux, symbolique). Il faut qu'il soit *traditionnel et efficace.* Il n'y a pas de technique et pas de transmission, s'il n'y a pas de tradition »[40].

On comprend alors le sens de la protestation d'un philosophe, comme Origène, qui réfute l'étroitesse de vue de certains de ses pairs philosophes, chrétiens ou non, qui s'en tiennent aux seules facultés de la raison pour juger de la nature des choses. C'est en ce sens qu'il écrit : « si nous pouvions expliquer la nature des noms efficaces dont se servent les sages de l'Egypte, les mages de la Perse, les brahmanes et les samanéens de l'Inde et ceux qu'emploient les autres nations, nous serions en état de prouver que la magie n'est pas une chose vaine, comme Aristote et Epicure l'ont avancé, mais qu'elle est fondée sur des raisons connues à la vérité de peu de personnes »[41].

Comme André Bernand l'a montré, malgré l'importance de la culture philosophique dans la Grèce antique, la magie, sous sa double dimension, était très répandue. Dans son ouvrage fort bien documenté, *Sorciers grecs*, il donne une multitude d'exemples de pratiques magiques et sorcellaires. A travers l'une de ses illustrations que nous retiendrons ici, il montre que l'univers de la magie/sorcellerie est celui du secret où intervient la relation directe de

[40] « Les techniques du corps » *in Sociologie et anthropologie* (PU., coll. « Quadrige », Paris 2000, p.371)

[41] In Jean-Jacques Gabut : *La magie traditionnelle* (Dangle, coll. « Grand angle/Symbolismes, Paris 1999, p.p.101-102).

l'individu avec des puissances invisibles qui saturent la nature de leurs modalités d'être. Celles-ci sont susceptibles d'aider le sorcier et/ou le magicien à réaliser des désirs, des ambitions, des projets en dehors de toute intervention de la cité. Selon cet auteur, la réussite du rituel magique/sorcellaire ci-dessous dépend des facteurs suivants : l'incantation et les rites, voire l'évocation dépendent du lieu précis où ils doivent s'effectuer. La volonté est aussi un facteur important : il faut que toutes ces opérations soient faites avec soin, c'est-à-dire en vertu d'une obéissance stricte aux prescriptions du magicien/sorcier.

Ces conditions étant remplies, le rituel appelé « la vieille devenue servante d'Apollonios de Tyane » peut commencer de la manière suivante : « Prends le crâne d'un âne [littéralement : "d'un Typhon", l'âne étant l'animal consacré à cette divinité] et, peins-y avec le sang d'un chien noir les caractères suivants [six caractères magiques] ; va dans le lieu [du sortilège] auprès d'un fleuve, ou de la mer, ou au carrefour de trois routes, à minuit, pose le crâne à terre, tiens-toi sur le pied gauche et dis : [mots magiques, puis] " Viens, apparais, déesse qu'on appelle la maîtresse de maison." Aussitôt tu verras une femme assise sur un âne, belle au-delà de toute expression, d'une beauté vraiment céleste, merveilleusement plaisante et jeune. Dès que tu la verras, tombe à genoux et dis : " Je te remercie, ô dame, de m'être ainsi apparue. Juge-moi digne de toi, que ta seigneurie me soit bienveillante, accomplis tout ce pour quoi je t'emploierai. "La déesse alors te demandera : " Qu'as-tu en tête ? " Réponds : " J'ai besoin de toi pour que tu me sois une servante dans toutes les nécessités de la vie. "Sur l'heure elle descendra de l'âne et deviendra une vieille. Et cette vieille te dira : " Je serai ta servante et me tiendrai auprès de toi." Ayant ainsi parlé, de nouveau la déesse se revêtira de la beauté qu'elle avait quittée en te priant de la relâcher. Mais toi tu lui diras : " Non, madame ! Je me servirai de toi jusqu'à ce que je sois en possession de la vieille." A peine entendu ces paroles, la déesse se métamorphosera en vieille. Elle s'arrachera une molaire, en prendra une à l'âne et te donnera les deux. Dès cet instant la vieille ne te quittera plus, à moins que tu ne veuilles la relâcher immédiatement. A partir de cette heure, tu recevras en présent de grands biens. Tout ce que désire ton âme, la vieille l'accomplira. Elle te conservera ta fortune et surtout remarquera pour toi tous les projets ennemis qu'on pourrait faire contre toi. A la vérité, elle te dira tout et ne t'abandonnera jamais. Telle est sa quantité de bonne volonté à ton égard. Mais si jamais tu le désires, il y a moyen de la libérer ; cependant ne le fais jamais ! Prends sa dent et la dent de l'âne, fais un feu de joie et jette-les dans le feu, et avec un cri aigu la vieille s'envolera sans laisser de trace. Ne sois pas enclin à la libérer, car il te sera impossible de la remplacer. Mais libère la déesse, lorsque tu seras sûr que la vieille te servira, en prononçant [six mots magiques]. Lorsque la vieille entendra cela, la déesse montera sur l'âne et s'en ira. » (p.p.69-70).

En raison de la réputation qu'on faisait aux sorciers égyptiens, on en comptait un grand nombre dans toutes les grandes cités grecques. On les qualifiait de « faiseurs de pluie ». Ils étaient, en effet capables, en invoquant le nom du grand Thot qui est le patron tout-puissant des magiciens de la vallée du Nil, de provoquer des orages, de dissiper des nuages, de faire pleuvoir etc. Même les philosophes ne dédaignaient pas de recourir à leurs services pour se tirer de situations scabreuses. Il en est ainsi du stoïcien Marc-Aurèle ; du moins, c'est ce qu'écrit André Bernand : « on rapporte qu'un certain Harnouphis, mage égyptien de l'entourage de Marc-Aurèle, appela des génies par art magique, notamment Hermès Aérios, et par leur entreprise il provoqua, dit-on, la pluie ». Un tel événement eut lieu en 172 après J-C à un moment critique dans la guerre que Marc-Aurèle menait contre les Ouades, en Moravie. En effet, les ennemis des romains avaient réussi à couper l'eau d'approvisionnement des armées de l'Empereur au point de les affaiblir et de les soumettre à un possible massacre. Grâce à l'intervention surnaturelle du prêtre égyptien, Harnouphis, un orage subit et terrible s'abattit sur les Ouades accompagné de la foudre et de la grêle. Ils furent terrorisés, noyés par un déluge et emportés par des torrents en furie. Ce phénomène et bien d'autres qui constituaient les réalités quotidiennes des Grecs amènent André Bernand à écrire, à juste titre, que « ces histoires ne sont pas des fictions destinées à divertir ou à tromper les esprits. Les tablettes magiques nous prouvent que, dans la pratique, les Grecs anciens savaient recourir à la sorcellerie pour se défendre contre les adversaires coléreux ou violents, pour réclamer le châtiment des voleurs ou des calomniateurs, pour punir, à l'occasion, une prêtresse déshonorée et pour résister en général à tous les aléas de la vie quotidienne. Ces documents nous montrent, par ailleurs, que peu de métiers s'abstenaient de telles pratiques » (p.p.338-339)[42].

D'autres faits météorologiques exceptionnels ont été rapportés par Diodore de Sicile, l'un des plus grands historiens de l'Antiquité, dans son fabuleux ouvrage, *Histoire universelle*[43], qui contient plus de 1000 histoires différentes. En effet, en 310 av. J-C., les Grecs de la Sicile avaient pu vaincre l'orgueilleuse Carthage. Comme la ville était privée d'eau en raison de la sécheresse qui sévissait depuis quelque temps, les prêtres de Baal, dieu suprême et universel au Proche-Orient, organisèrent un holocauste, appelé aussi Moloch, pour demander au dieu de pardonner les péchés dont les hommes s'accusaient, notamment la classe des nobles. Diodore de Sicile mentionne cinq cents enfants de la noblesse qui furent atrocement massacrés.

[42] André Bernand : *Sorciers Grecs* (Fayard, Paris 1991).

[43] Traduction de L'Abbé Terrasson, Tome V (Adolphe Delahays, Librairie, Paris 1851)

Les Carthaginois avaient édifié une statue géante de Baal sur la place publique de la cité. Puisqu'il était creux, on entretenait un immense brasier dans ses entrailles. Ses bras articulés engloutissaient les enfants enveloppés dans un tissu noir, victimes de l'expiation des péchés du monde des adultes. Par la gueule de ce géant, ils étaient jetés dans le brasier sous les yeux d'une foule en délire. Pire, en raison de cette transe collective, des femmes, des hommes, pris par la folie de l'atmosphère électrique, se poignardaient mutuellement, se jetaient eux-mêmes dans la gueule de Baal en flammes et fumant encore des corps calcinés pour purifier la collectivité de ses fautes commises par rapport au dieu protecteur de la cité ; et implorer son pardon afin qu'il fasse pleuvoir. Effectivement, au bout d'un certain temps, et après l'immolation de très nombreuses victimes humaines, ce dieu dut agréer la supplication des fidèles puisqu'un violent orage éclata au-dessus de la ville donnant lieu à des trombes d'eau si denses qu'elles noyèrent la cité et l'assemblée des fidèles. Ces eaux miraculeuses des cieux remplirent aussi les citernes en les faisant déborder.

Certes, du point de vue de la raison contemporaine, on ne peut admettre qu'un tel fait inouï ait été l'œuvre de ce dieu cannibal qui déclencha un déluge en guise de compensation de sacrifices humains innombrables et abominables. On pourrait alors tenter d'expliquer le phénomène en question par l'aléatoire absolu ou par la concomitance de phénomènes de différente nature. Ces Molochs auraient coïncidé avec un changement adventice de la météorologie locale. Même si une telle explication peut être séduisante, elle ne s'accorde nullement avec les faits historiques tels que Diodore de Sicile les a rapportés dans son ouvrage. En effet, ce ne fut pas un cas unique, puisqu'il y a eu d'autres phénomènes du même genre à Carthage.

En effet, suite à la première guerre punique (264 av. J-C.), au cours de laquelle les Romains et les Carthaginois s'étaient affrontés violemment, les mercenaires au service des armées carthaginoises, lassés d'attendre leurs soldes, assiégèrent la cité en la privant d'eau. Au lieu de s'acquitter de leurs dettes envers leurs mercenaires, les prêtres de Baal décidèrent de réitérer des Molochs. Cette fois, toutes les familles carthaginoises durent livrer un enfant pour le sacrifice. De nouveau, près de soixante ans après le premier holocauste, les fidèles se massacrèrent tout autant que des membres du clergé, notamment les dévoués, qui se supplicièrent avec rage. Un prêtre prit le premier enfant, étendit sa main sur lui pour le charger de tous les péchés du peuple et adoucir la colère de Baal avant de le jeter dans le brasier à l'intérieur de la statue d'airain du dieu. Pendant ce temps, la foule des fidèles criait en chœur : « Seigneur, mange ! » ; « Verse la pluie, enfante ! » Après avoir été gavé de corps humains suite à des assassinats en masse, des mutilations physiques, des sacrifices improvisés, Baal, satisfait, fit encore éclater un orage qui remplit les réservoirs, obligeant les mercenaires à lever leur siège au tour de la cité.

Or, si on ne peut admettre l'existence de ce Dieu, qui serait à l'origine de ces mystères troublant singulièrement les lois de la physique, il est possible d'avancer l'explication suivante, dans le cadre de la philosophie spinoziste, du *Deus Sive Natura.* En effet, selon Spinoza, le Cosmos peut être conçu comme un *quantum* d'énergie et/ou de forces. Et en dehors de celui-ci, il n'y a rien d'autre. Dieu est la Nature créante ou *naturans,* et, ainsi, tout ce qui a été créé par lui ou *naturata,* est aussi maintenu par lui dans l'Etre. En d'autres termes, « l'ordre et la connexion des idées sont mêmes que l'ordre et la connexion des choses ». Aussi, la réalité des choses et des idées n'a de consistance que si ces deux genres de dimensions de réalité, différentes et les mêmes en même temps, sont compris, c'est-à-dire entièrement contenus dans les attributs de Dieu ou dans son essence même. En ce sens, les corps en général sont des modes de Dieu sous l'attribut de l'étendue, les idées sous l'attribut de la pensée et l'Homme existe comme enté sur l'essence de Dieu. Il se meut en lui, respire en lui, agit en lui. Et s'il prie, il le fait en Dieu. Tout est en Dieu et Dieu est tout. C'est toujours, et en dernier ressort, le même Etre, le même ordre de dimension de réalité humaine et non humaine envisagé sous deux angles différents suivant les limites de notre raison ou de notre intelligibilité des choses.

Dans son *Ethique* (I, 29 ; sc.), son raisonnement est le suivant : il y a trois figures de l'univocité, mais nous n'en retiendrons que deux. D'abord, Spinoza pose l'univocité des attributs. Ceux-ci se conçoivent sous une même figuration en tant qu'ils constituent l'essence de Dieu qui peut être connu clairement et distinctement par lui-même, c'est-à-dire sans le secours d'aucun autre être ; et comme Nature naturante qui contient également les essences de modes comme Nature naturée, c'est-à-dire qui comprend à la fois tous les modes qui dépendent immédiatement de Dieu et les choses particulières qui sont causées par les modes généraux de telle sorte que la Nature naturée a besoin d'une substance unique pour être comprise. Ensuite, vient l'univocité de la cause : c'est la cause de toutes choses qui se réfère à Dieu comme cause unique, genèse et/ou origine de la Nature naturée, dans le même sens que la cause de soi ou *Causa sui*, se conçoit comme généalogie ou déploiement de la Nature naturante. En d'autres termes, Spinoza se passe de l'hypothèse d'une Entité transcendante qui aurait pour vocable Dieu personne, à l'instar de Baal ou de Yahvé. Une telle figuration n'aurait pas lieu d'être. En substance, Dieu= Energie du Cosmos= autocréation continue de toutes choses en acte ou en puissance, c'est-à-dire ce qui pourrait potentiellement advenir. La Nature naturée est en lien intime avec la Nature naturante, créatrice perpétuelle de tout. La Nature naturante et la Nature naturée sont une même réalité sous deux figures différentes.

Dans cette perspective matérialiste, puisque les Dieux ne se conçoivent pas sans l'Homme, il est tout à fait possible d'admettre que le cerveau humain apparaît comme le centre originaire de tous ces phénomènes. En effet, il est le centre des combinaisons et/ou de l'intercommunication des puissances du Cosmos sous leur double figuration : d'une part, en tant qu'Energie spirituelle ou spiritualisée sous sa dimension de « to aorato », c'est-à-dire l'invisible. C'est ce qui nous permet de rendre intelligible ces faits singuliers, sans explication apparente, hors de tout jugement et au-delà de l'horreur absolue des Molochs. En effet, l'énergie du cerveau, dans un état d'extrême intensité, se révèle alors capable de transformer la nature des choses suivant la force des désirs et des intentions par le verbe efficient, comme la foi profonde transfigure un être humain au point de le rendre presque méconnaissable sous l'angle de son intériorité. En d'autres termes, sous la conjugaison des centres divins de l'être singulier de ces fidèles de Baal, équivalent de Yahvé dans les religions sémites de la même époque, une puissance physico-spirituelle gigantesque, à l'instar d'un ouragan imperceptible, se détache d'eux pour se combiner avec les forces physiques en vue de produire cet effet. En ce sens, tout se passe comme si le centre divin/énergie du cerveau humain grandissait démesurément et devenait plus puissant sous l'impulsion de l'Esprit divin et/ou Energie du Cosmos[44].

[44] Ce qui milite en faveur de notre thèse est le fait contemporain suivant : au terme d'études anthropologiques auprès d'un vénérable Sioux, de son surnom Elan Noir, suivant le souhait de ce dernier, John Neihardt consentit à le conduire au sommet d'une montagne où les anciens de son peuple avaient l'habitude d'invoquer leurs dieux. Elan Noir, pour la dernière fois, voulut réitérer ce que les anciens faisaient comme le rapporte cet anthropologue dans son ouvrage *Elan Noir – Mémoires d'un Sioux-* (Stock, Paris 1977, p.p. 273, 274, 275, 276) :

Après la conclusion de son récit, Elan-Noir et notre groupe étions assis sur le bord nord de Cuny Table, regardant par-delà les Badlands (« la beauté et l'étrangeté de la terre », selon l'expression du vieil homme). Pointant le pic Harney qui apparaissait noir au loin, au-dessus de la frange du ciel, Elan-Noir dit : « Là-bas, alors que j'étais jeune, les esprits m'ont conduit en une vision au centre de la terre, et ils m'ont montré toutes les bonnes choses qui sont dans le cercle sacré du monde. Avant de mourir, je voudrais aller là-haut en chair et en os, car j'ai quelque chose à dire aux Six Grands-Pères. »

Ainsi, le voyage au pic Harney a été arrangé, et quelques jours plus tard nous étions là-haut. En route vers le sommet, Elan-Noir fit remarquer à son fils Ben : « Quelque chose se passera aujourd'hui. S'il me reste quelque pouvoir, les esprits du tonnerre de l'ouest m'entendront lorsque j'enverrai une voix, et il y aura au moins un peu de tonnerre et un peu de pluie. » C'était une journée lumineuse et sans nuages, et quand nous avons atteint le sommet, le ciel était parfaitement clair. La sécheresse sévissait, une des pires dont le vieil homme avait gardé la mémoire. Le ciel resta clair jusque vers la fin de la cérémonie.

« Juste là, dit Elan-Noir en montrant un point sur le rocher, c'est là que je me tenais dans ma vision, mais le cercle du monde autour de moi n était pas le même, car ce que je voyais était en esprit. » S'étant habillé et peint comme il l'avait été dans sa grande vision, il fit face à l'ouest, tenant devant lui la pipe sacrée avec sa main droite. Puis il envoya, d'une voix qui semblait ténue et pathétique dans l'immense espace qui nous environnait... « Hey-a-a-hey ! Hey-a-a-hey ! Hey-a-a-hey ! Grand-Père, Grand Esprit, regarde-moi… »

« Avec des larmes, ô Grand Esprit, Grand Esprit, mon Grand-Père, avec les yeux pleins de larmes je dois dire que l'arbre n'a jamais fleuri. Tu me vois ici, je ne suis qu'un vieil homme pitoyable, et je me suis affaissé et je n'ai rien fait. Ici, au centre du monde où tu m'as emmené lorsque j'étais jeune et où tu m'as enseigné, ici même je me tiens, vieilli, et l'arbre s'est desséché, Grand-Père, mon Grand-Père !... Ecoute-moi, afin qu'ils puissent revenir dans le cercle sacré et trouver la bonne route rouge, l'arbre protecteur »

Nous qui écoutions avions remarqué que de légers nuages s'étaient amassés autour de nous. Une petite pluie glacée se mit à tomber, et il y eut un grondement sourd de tonnerre, sans éclair. Les larmes coulant sur ses joues, le vieil homme éleva sa voix jusqu'à une plainte très ténue, et il chanta : « Dans mon chagrin, j'envoie une faible voix, ô Six Pouvoirs du Monde. Ecoutez-moi dans mon chagrin, car je n'appellerai peut-être jamais plus. O faites vivre mon peuple ! »

Tel est le sens de l'expression « coalescence de l'esprit et de la matière » dont nous avons fait usage dans la première partie de ces investigations. C'est en ce phénomène exceptionnel que gît l'explication des manifestations des dieux des religions, quelles qu'elles soient. Une telle explication permet de réconcilier les visions ou croyances des défenseurs des Dieux et de leurs contempteurs que sont les incroyants et autres athées puisque la nomenclature relative aux divinités n'a plus lieu d'être. Et quand Nietzsche proclame que « Dieu est mort », il s'agit de la mort de ces noms qui renvoient à un ciel vide. Dire « Dieu n'existe pas » signifie qu'en fait ce vocable n'a aucun sens dès lors qu'aucune réalité ne lui correspond effectivement. En revanche, l'Energie/Matière existe,nous vivons en elle ; et elle est éternelle.

D'ailleurs, et en ce sens, on peut tout à fait mettre en parallèle la nature de ces faits historiques et le mode opératoire de la Dame d'Ekoulouala.

Dès lors, ces pratiques singulières, ésotériques, loin d'être dépassées, surannées, persistent encore de nos jours dans divers pays, même dans des pays industrialisés comme la France.

### B. La France

Le fait humain fondamental, permanent et universel - hormis ceux d'entre nous qui ne pensent pas être faits de chair et de sang, mais qui sont des esprits purs - réside dans la croyance, quelle que soit sa figure et/ou la manière dont elle s'exprime chez les uns et chez les autres parmi les êtres humains. En effet, ces derniers ont toujours été sensibles à la croyance aux pouvoirs surnaturels humains sous la forme de la magie/sorcellerie. Cette foi repose sur

---

Pendant quelques minutes, le vieil homme resta silencieux, le visage levé, pleurant sous la pluie.
Un instant plus tard, le ciel était de nouveau clair.

le crédit accordé à quelques personnes dont le cerveau fait preuve de dons singuliers, originaux, voire exceptionnels. Ces facultés leur permettent de découvrir des choses cachées ou de lire sur le visage des gens des événements à venir. Qu'ils s'appellent magnétiseurs, sorciers, devins, voyants, médiums, radiesthésistes, etc., ils sont censés disposer de pouvoirs salvateurs de guérison. Malgré les progrès de la science et de la médecine, beaucoup de personnes en France, ou ailleurs dans les pays dits du Nord, ont recours aux individualités possédant des pouvoirs hors du commun ou extraordinaires même pour se soigner, par exemple. Ceux-ci peuvent soulager certaines douleurs et soigner des maladies.

Suivant ces données, dans la France contemporaine, Dominique Camus montre, dans son livre *La sorcellerie en France contemporaine*[45], que la sorcellerie est toujours présente en ce début du XXIe siècle. Selon ce chercheur, le sens commun voudrait que la pratique de la sorcellerie ne concerne que des personnes venant de l'Afrique, de l'Asie ou de l'Amérique Latine. En raison d'une telle perception commune de ce genre de phénomènes, on trouve normal que des chercheurs français puissent se rendre dans ces zones du monde pour effectuer des enquêtes sur la magie ou, plus généralement, sur la sorcellerie tels le vaudou, la magie brésilienne, etc., comme s'ils ne voulaient pas voir ce qui se passe près de chez eux. Une telle posture pseudo-savante a conduit Jeanne Favret-Saada qui, avant Dominique Camus, avait mené des enquêtes approfondies sur les phénomènes de la sorcellerie dans le bocage normand, à se défendre des attaques de certains d'entre ses collègues chercheurs, entre autres. Ils n'ont pas manqué, en effet, de lui reprocher de projeter, dans cette zone de la France, ses propres fantasmes, comme elle l'écrit justement : « Mes contradicteurs éventuels voudront bien se dispenser de

---

[45] Edit. Ouest-France 2001

m'opposer l'argument facile selon lequel j'aurais été dans le Bocage pour y retrouver mes propres fantasmes. Car 1) si on les a chez soi, pourquoi prendre la peine d'aller les chercher ailleurs. 2) Ces fantasmes ne sont pas seulement les miens et c'est en quoi ils ont quelque intérêt… »[46].

En fait, le déni de ces phénomènes de la part d'un certain nombre de chercheurs français dérive de l'idée saugrenue que, à l'heure où les sciences (dures notamment) et les technologies triomphent et dès lors qu'elles seraient en mesure de modifier, si ce n'est la nature humaine, du moins, d'opérer sensiblement le progrès des esprits au point de conférer à tout le monde l'usage et la pratique d'une raison pure, la sorcellerie est définitivement reléguée dans les pratiques et croyances du passé. C'est en ce sens que Jeanne Favret-Saada observe avec raison que ces présupposés jettent un voile pudibond sur ces incroyances, réalités humaines, qui ont encore cours dans la France contemporaine : « Quand on se demande comment, au XX^e siècle, un individu normalement constitué, c'est-à-dire nourri de la culture des lumières, peut se laisser prendre au discours de la sorcellerie (c'est là une question que, comme tout le monde, je me suis posée), on n'a aucune chance d'y répondre si l'on ne prend en compte que l'irrationalité de ce discours. Plus exactement, une seule réponse est possible, qui consiste à reléguer au rang d'arriérés, d'imbéciles ou de fous, ceux qui s'y sont laissés prendre » (p.212). Elle explique aussi que le silence que l'on garde dans le Bocage normand ou, d'une façon générale, dans les campagnes françaises sur la pratique de la sorcellerie, trouve son origine dans cette opinion commune. Pourtant, Dominique Camus montre, de son côté, que la pratique de la sorcellerie, sous de multiples formes et expressions, est toujours présente dans le monde rural

---

[46] *Les mots, la mort, les sorts* (Gallimard, coll. « folio/essais », Paris 1977, p.213)

car les pratiques magiques de guérison n'y ont jamais disparu, malgré la violence aiguë, outrancière de l'église catholique pour anéantir ces pratiques au cours des siècles précédents. Elle envahit même les villes et elle touche de plus en plus tous les milieux sociaux.

Dans son ouvrage *Les mots, la mort, les sorts*, Jeanne Favret-Saada s'est attachée à analyser, de façon approfondie, une forme de la pratique de la sorcellerie dans le bocage normand : celle qui consiste essentiellement à détruire les bêtes des voisins, à nuire à la santé, à l'intégrité vitale des individus. Elle montre que dans les milieux où cette sorte de sorcellerie se pratique ordinairement, suivant un schéma de pensée générale, les êtres humains se situent dans une situation duale avec une tendance continue à la confrontation entre les sorciers doués de vitalité puissante mortifère et ceux qui sont dépourvus de telles facultés, donc victimes des premiers. En effet, le sorcier est conçu comme un individu qui a une force vitale excédentaire et qui, manquant d'espace dans son propre univers clos, cherche un espace vital où l'investir. Il est comme un conquérant des domaines vitaux d'autrui. Quand il rencontre une possible victime -le ou les individus familiers considérés comme un ou des ennemis-, il investit son être par sa négativité, c'est-à-dire par son avidité ou par sa puissance excédentaire. La positivité ou la force vitale de l'individu en question peut, dans un premier temps, tenter de résister à l'envahissement du sorcier. Mais, comme la victime dispose d'une puissance faible, elle ne peut, dans un deuxième temps, se soustraire pendant longtemps à la tentative de prédation en marche. Comme l'écrit l'auteur : « A la manière d'un vampire, le sorcier fait intrusion dans le « corps » de sa victime et en aspire la vitalité » (p.250).

Toutefois, dans cet univers impalpable de réalités humaines, le sorcier ne sort pas toujours vainqueur de ses tendances à la prédation ou à la destruction des forces vitales des autres. En effet, Jeanne Favret-Saada démontre des cas de figure où l'ensorcelé peut trouver un désensorceleur et/ou un désenvoûteur plus puissant que son bourreau pour lui venir en aide. Dans ce cas, ce sauveur s'engage dans une lutte à mort contre le sorcier ensorceleur. Nous rapportons ici un exemple manifeste d'une sorcière qui a été détruite par des adversaires plus puissants qu'elle. Naturellement, pour expliquer ce genre de mort étrange, la médecine contemporaine doit inventer un discours approprié afin d'en lever le caractère inexplicable : « il resterait à savoir pourquoi les Régnier, tout comme leur annonciateur, étaient à ce point persuadés d'avoir provoqué la mort de la mère de Chicot. Babin m'ayant fourni les indications nécessaires, j'allai consulter le dossier de celle-ci à l'hôpital psychiatrique et questionner ceux qui l'avaient soignée pendant les sept mois que dura son déclin. Nul n'avait pu comprendre de quoi elle avait souffert ni ce qui provoqua sa mort, sinon un état de frayeur intense qui jamais ne s'apaisa. Le psychiatre qui la traita avait quitté l'hôpital, mais son remplaçant se souvenait de Mme Chicot. Examinant le dossier, il m'assura qu'il ne comportait aucune explication médicale de ses troubles, bien qu'il y soit inscrit qu'elle était morte de cachexie sénile : ce diagnostic évoque une désorganisation des fonctions vitales que chacun avait pu observer chez la malade, mais dont nul n'avait su la raison. On avait toutefois inscrit ce diagnostic dans son dossier pour se conformer aux prescriptions administratives qui enjoignent au médecin d'en énoncer un.

La lecture de ce document, que je cite presque intégralement, instruit mieux qu'aucune analyse sur la dimension proprement catastrophique de ce que j'ai nommé plus haut l'enclos de l'indicible, car le bavardage médical échouant sans cesse à le contourner, lui fait une sorte de contrepoint bruyant dont l'inconvenance paraît finalement sensible à son auteur même » (p.157).

Néanmoins, on retient une dimension universelle dans la pratique de la sorcellerie : la violence, la négativité, le caractère mortifère. On retrouve ces traits partout sur la terre, quels que soient les hommes, les peuples considérés, comme on le verra en Chine, au Tibet ou encore en Afrique pour nous en tenir à quelques exemples parmi tant d'autres.

### C. La Chine

Comme la Chine est, à elle seule, un vaste sous-continent, il ne sera donc pas question ici ni de tout ce pays, ni, non plus, de l'ensemble des populations diverses qui la peuplent. Nous nous fonderons sur le récit de Yang Erche Namu, traduit de l'anglais par Christine Mathieu, dans *Adieu au lac Mère*[47]. L'auteur de ce récit est originaire d'une population appelée Moso qui habite dans les montagnes du Yunnan, plus précisément dans la région du lac Lugu ou lac Mère situé à 2700 mètres d'altitude, non loin de la frontière sino-tibétaine. Cette population est connue, depuis le Moyen Âge européen, pour sa singularité. En effet, c'est l'une des plus célèbres sociétés matrilinéaires au monde. Les Hans, peuple majoritaire de la Chine, appellent, d'ailleurs, la zone territoriale que les Moso occupent « le pays des filles » ou « une société sans père ni mari »[48]. Cette population est ainsi nommée parce que seules les femmes sont les chefs de famille. On y a rejeté le mariage comme source d'inégalité entre masculin/féminin, voire de violence. En revanche, on y promeut les unions sexuelles libres sous diverses modalités temporaires ou, parfois mais rarement, définitives. Les enfants appartiennent à la famille maternelle. C'est une société

---

[47] C'est le titre de l'ouvrage de Caî Hua : *Les Na de Chine* (P.U.F, coll. « Ethnologie », Paris 1997)
[48] Edit. Calmann-Lévy, Paris 2005

très tolérante et très attachée au respect d'autrui, à la stricte égalité entre les individus.

Si, chez les peuples africains subsahariens, les personnes reconnues sorcières ne sont pas frappées d'ostracisme, en raison de leur capacité à digérer, à supporter, à intégrer toutes sortes d'anomalies, chez les Moso ou Na, il en va tout autrement. En effet, selon le récit de Yang Erche Namu, de telles personnes, en vertu du danger qu'elles représentent pour l'intégrité, la santé et la vie des autres, elles constituent des familles à part, mises à l'écart et isolées du reste des familles[49], voire de la société elle-

[49] Une telle mise à l'écart d'un être humain, d'une famille ne pourrait être envisageable dans les pays africains subsahariens. D'une part, il n'entre pas dans leurs cultures de frapper un membre de la famille par un tel ostracisme. Il y a une dose d'assomption de l'anomalie qui dépasse parfois l'entendement. Nous avons montré dans nos recherches sur les Lyéla du Burkina Faso, comment des personnes foncièrement malignes ne sont guère inquiétées par les autres membres de leur famille ; même quand elles ont causé des dégâts importants en prélevant de nombreuses vies humaines parmi ceux-ci. Pourtant, dans un tel cas de figure, tout le monde sait qui en est responsable. Ces personnes malignes, même si elles ne l'avouent pas franchement, ne s'en cachent pas. Elles peuvent même manifester de la superbe à avoir pu triompher d'une personne ennemie. Cette tolérance excessive nous a conduits à faire une hypothèse : si les communautés familiales supportent à ce point ses membres malfaisants, cela prouve, de toute évidence, que les « gens de la nuit » doivent y trouver leur compte en raison des occurrences de manducation de biopsychés que de tels sorciers permettent. D'autre part, même si l'on s'avise d'éloigner des communautés familiales ces êtres aux mœurs antisociales, les censeurs et moralisateurs occidentaux ne manqueraient pas de réagir en dénonçant ces comportements comme immoraux. L'exemple des femmes chassées de chez elles pour des raisons d'actes sorcelleraires, et qui se sont regroupées dans un village non loin de Ouagadougou, est, par soi-même, suffisamment éloquent. En effet, des associations se sont créées en Europe pour leur venir en aide. Mais, on n'assiste guère à des actes de générosité par rapport aux exclus Moso en Chine ; à moins que ces cas soient ignorés en Europe. Certes, ces associations ont raison d'agir ainsi. Car, parmi ces femmes, certaines d'entre elles

même. Les Moso considèrent que la sorcellerie est causée par un intraterrestre qu'ils appellent le « *Gu* ». A propos de l'isolement des familles sorcières, elle mentionne l'exemple suivant de l'une de cette sorte de famille : « au village, il y avait une famille qui avait une maison à quelque distance des autres. L'une des filles, Tsilidema, était une très jeune femme, mais les hommes ne venaient jamais lui rendre visite la nuit. Quand nous croisions quelqu'un de cette famille, nous gardions toujours nos distances, et ce n'était pas seulement notre famille qui agissait ainsi, mais tout le monde. Et la famille de Tsilidema nous rendait la pareille en se tenant toujours à l'écart » (p.100).

Les Moso se considérant eux-mêmes comme une société très solidaire, où l'on se rend mutuellement visite et des services le plus souvent possible, un tel isolement est perceptible par tout le groupe social. Il est même douloureux pour les personnes vivant cette situation. Dès lors qu'une famille est reconnue avoir le *Gu*, elle sait à quel sort elle est désormais soumise. Sur ce pouvoir étrange, singulier et dangereux, l'auteur dit ceci : « le *Gu* est une chose très dangereuse… Pendant le cinquième mois lunaire, des gens vont dans les montagnes pour ramasser des serpents, des mille-pattes, des araignées, des crapauds et quelquefois aussi des chauves-souris s'ils arrivent à les attraper. Ils ramènent toutes ces sales bestioles à la maison et ils les mettent dans un grand pot. Après, ils les enferment dedans, et toutes ces créatures vénéneuses s'entretuent et se dévorent entre elles, jusqu'à la fin il n'en reste qu'une. Voilà, celle-là, c'est le *Gu*, et il n'y a rien de plus vénéneux au monde » (p.101).

Dans ce contexte, la pratique de la sorcellerie paraît relever d'un acte délibéré puisqu'il s'agit de la sorcellerie

---

ont été chassées de chez elles pour d'autres raisons, étrangères à la sorcellerie.

acquise, mais qui peut devenir une puissance terrifiante. Selon le sexe de ses acquéreurs, le *Gu* produit sur leur personne des effets spécifiques qui sont en même temps sa nourriture. Ainsi, le *Gu* s'abreuve de la sueur des aisselles chez les hommes, du sang des règles chez les femmes. Pire encore, il ne se contente pas de se nourrir de substances putrides et horribles, il incline ses détenteurs, de façon irrépressible, à trouver quelqu'un à empoisonner ; autrement, il se retourne contre ses maîtres en causant des maux, voire en les tuant. Le *Gu* paraît comme une malédiction qui pèse sur ses maîtres et les transforme en des personnes singulières et maléfiques, et les enfants issus de ces familles héritent de cette puissance maléfique car « le *Gu* ne peut pas mourir et on en hérite d'une génération à l'autre. Même si Tsilidema était la meilleure personne du monde, même si elle n'en voulait plus, de ce *Gu*, elle ne pourrait pas s'en débarrasser. Elle est coincée avec ça pour toujours et pas seulement elle, mais tous les gens de sa famille et tous leurs descendants » (p.102).

Les raisons de l'isolement des familles qui ont le *Gu* sont les suivantes : d'abord, le *Gu,* qui incline ses possesseurs à l'empoisonnement, s'en prend à n'importe qui, même si l'on n'a rien fait à ses maîtres. Il faut donc se préserver de ses effets mortifères en fuyant la compagnie de ses maîtres, lesquels vivant seuls et en familles closes conversent entre eux. Une personne touchée par le *Gu* tombe malade, même si elle n'a pas eu de contact rapproché. Le fait même de manger quelque chose à côté du *Gu*, c'est s'exposer à être affecté, de façon maligne, par lui. Et cela peut s'opérer de la manière suivante, d'après le récit de Yang Erche Namu : « tu n'as qu'à... avaler ta salive quand ils [les gens du *Gu*] te regardent. D'un seul coup, tu sens une drôle d'odeur, comme de la sueur ou de la fumée de cigarette ou l'odeur d'un animal sauvage, et puis tu n'as plus d'appétit. Le lendemain, ton ventre gonfle et tu ne peux plus rien manger, sauf ce que tu étais en train de manger quand le *Gu* t'a empoisonnée. Alors, tu ne peux plus t'arrêter de manger ça, tu as des envies horribles et tu manges sans arrêt. Tu peux te rendre très malade. - On peut en mourir ? – C'est possible, mais le lama peut te guérir. Il te prépare des herbes qui te donnent la diarrhée pendant trois jours et, après, c'est fini » (pp.102-103). Le *Gu* de la famille de Tsilidema se manifeste sous l'apparence d'un serpent. Mais sa famille n'en parle guère aux personnes étrangères aux familles des sorciers. C'est le silence autour de la nature du *Gu* et aussi le fait qu'il peut attaquer, empoisonner, tuer même ses victimes à distance ; ce qui explique essentiellement l'ostracisme manifesté à l'égard des sorciers et/ou gens du *Gu* dans la société Moso. Tel est également le sens de l'attitude de l'héroïne de ce récit par rapport à cette fille de son âge possédée par le *Gu* ; du moins, elle le dit expressément : « et voilà pourquoi j'appris à me tenir à distance de la pauvre et belle Tsilidema et de toute sa famille, et à avoir peur de la magie noire de serpents qui ne mourraient jamais et que personne n'avait jamais vus » (p.103) en dehors des membres de ces familles maudites.

Dans le Tibet voisin de Yunan, la pratique de la sorcellerie s'opère de façon assez semblable.

### D. Le Tibet

L'un des auteurs qui a connu le mieux le Tibet et fait office d'anthropologue est, sans conteste, Alexandra David-Neel. Dans son ouvrage *Mystiques et magiciens du Tibet,* fruit de plusieurs années d'enquêtes sur le terrain, à l'époque où le Tibet était interdit non seulement aux étrangers mais, surtout, aux femmes, elle fut la seule occidentale à se déguiser en homme pour pouvoir entrer à Lhassa. Dans un chapitre de cet ouvrage intitulé « Les mangeurs de souffles vitaux », elle analyse les pratiques de la sorcellerie. C'est même un examen minutieux de ces phénomènes psychiques extrasensoriels, qui démontre le bien-fondé de notre thèse initiale, en l'occurrence, l'universalité de la sorcellerie. La magie/sorcellerie, au fond, n'est rien d'autre que des formes de la puissance du cerveau humain, développées, expérimentées, vécues autrement dans des champs de réalité non sensible. D'une part, l'existence des « intraterrestres »[50] invisibles, que les tibétains appellent « démons », et qui se manifestent sous des figures diverses et variées, relève des expériences ou de la croyance courantes chez ces peuples. Grâce à l'excédent de l'énergie intrinsèque à ces entités, tout être humain qui consent à s'allier avec eux est en mesure d'opérer des choses qui dépassent les possibilités de tout un chacun. D'autre part, des formes de cette alliance peuvent incliner des individus dans le sens des actions malignes essentiellement. En ce sens, remarque Alexandra David-Neel, l'expérience monastique ou celle de la solitude peut conduire à deux cheminements différents : certains moines s'adonnent à la culture des pouvoirs du psychisme. A cet effet, ils aiment à se perdre, à passer des heures entières ou, plutôt, à s'absorber dans des contemplations profondes, infinies voire mystiques. Dans cette voie, il s'agit, par des méthodes appropriées d'entraînement psychique, parfois ésotérique, d'atteindre l'illumination spirituelle. D'autres moines, en revanche, visent des buts totalement différents par ces mêmes procédés.

Selon l'auteur en question, « parmi eux (les anachorètes), les uns visaient à obtenir des facultés psychiques supranormales ou des pouvoirs magiques… » (p.154). Ces

---

[50] Il s'agit d'entités vivant sous des modalités différentes des êtres humains, voire des unes et des autres dans l'environnement humain et hors de cet espace. Elles seraient supérieures au genre humain en énergie et en puissances diverses. Dans le commerce qu'un être humain établirait avec elles, on noterait des figures variées : par exemple, elles pourraient lui être favorables ou nuisibles selon leur puissance propre ou selon la nature du contrat d'action conclu avec elles.

« facultés psychiques supranormales » deviennent, pour ces moines, comme un pont entre le monde matériel et sensible et l'univers des réalités propres aux « intraterrestres », c'est-à-dire le monde immatériel et/ou spirituel. C'est ainsi qu'avec le concours de l'excès d'énergie des intraterrestres ou « démons », des êtres humains peuvent devenir des « mangeurs de souffles vitaux ». Comme l'écrit Alexandra David-Neel « certains de ces personnages diaboliques vivent en vagabonds, toujours à l'affût et ravissent eux-mêmes le « souffle » des vivants ; il en est d'autres qui se sont fixés en certains endroits et qui se contentent de se faire apporter les souffles[51] qui s'échappent des mourants. Certains individus, hommes ou femmes, se chargent de cette tâche, mais sans en avoir conscience, opérant dans un état de transe » (p.155).

On retrouve cette dernière expérience de la manifestation des pouvoirs supranaturels du cerveau humain dans la manière dont les peuples africains subsahariens pratiquent des modes de sorcellerie. Ainsi, d'après l'enseignement de Diaboado Tankoano, la puissance ensorcelante est un intraterrestre qui prend possession de la volonté de l'individu. Que ce dernier le veuille ou non, la puissance maligne inhérente à sa personne et dont on ne peut se libérer si ce n'est par la mort, commande et le sorcier obéit. Elle peut agir contre son gré, l'obliger à faire ce qu'il ne veut pas. En un sens, son « monstre » lui fait inconsciemment accomplir des actes mortifères. En effet, il peut tuer un membre de sa famille qu'il aime bien, sans le savoir. En réalité, ce n'est pas lui-même en tant qu'être humain

[51] C'est ce souffle vital, doublure exacte du corps du vivant que les Lyéla appellent âme neurovégétative, ou âme animale dont les sorciers biopsychophages sont friands. Ils font preuve de pouvoirs inouïs pour lui tendre des pièges en vue de la capturer pour la soumettre à la transsubstantiation suivant la figure animale qu'ils désirent. Car si le vivant a une figure déterminée, il n'en est pas ainsi de la psyché humaine qui se prêterait à toutes les transformations possibles.

qui a commis le meurtre biopsychique, mais bien la puissance ensorcelante qui le possède. Chez les tibétains, d'après Alexandra David-Neel, les « mangeurs de souffles vitaux » agissent de façon similaire puisqu'elle écrit : « il faut comprendre que l'individu opère ce transport inconsciemment, pendant son sommeil, ou bien en état de transe, sans le secours de son corps matériel et sans quitter son logis. Il ne garde non plus aucun souvenir de ses voyages » (p.159). Chez les peuples africains, les biopsychophages sont conscients de leurs actes mortifères. Mais d'un point de vue moral, ils ne jugent pas que ce soit un mal de tuer un être humain regardé comme une proie potentielle sous l'angle de la vie sorcellaire. Ce qui importe avant tout, c'est l'acte de manduqer des psychés. De ce point de vue, ils sont dans une sphère de réalité totalement amorale, c'est-à-dire non humaine.

Outre les « mangeurs de souffles vitaux », l'auteur aborde également un autre aspect de la pratique de la sorcellerie/magie chez les Tibétains : ce sont « les possédés empoisonneurs ». Comme chez les Moso du Yunan en Chine, les Tibétains comptent aussi des familles malfaisantes qui utilisent des procédés d'empoisonnement, de façon inconsciente, pour atteindre des victimes potentielles. Ils conçoivent que le rôle de « gardien héréditaire de poison » revient à des femmes. Ces dernières le dissimulent soit dans un petit sachet, soit sous leurs seins. Toutefois, il s'agit d'un poison invisible pour les non-initiés au monde des sorcières empoisonneuses. Selon Alexandra David-Neel : « Lorsque le temps vient d'administrer le poison, celui ou celle qui en est le dépositaire ne peut se soustraire à cette obligation et agit en état de transe. »

A défaut d'un passant qui s'offre à ce moment, le possédé doit verser le mauvais breuvage à un ami ou à un parent. On raconte, à voix basse, les cas terribles de mères qui ont empoisonné leur fils unique, de maris qui ont été obligés de tendre le bol de thé fatal à une femme bien-aimée, épousée la veille. Et si personne n'est à proximité de l'empoisonneur ou si ceux à qui les aliments ou le breuvage sont proposés le refusent, le possédé est contraint d'absorber le poison lui-même. » (pp.161-162). Comme ce poison mortel est invisible aux sens ordinaires, il est, au quotidien, source d'angoisse chez les Tibétains. Il est l'objet de toutes les causeries, de toutes les peurs, voire des méfiances les uns à l'égard des autres. En ce pays, que l'on soit Tibétain ou étranger, les mises en garde contre les risques de ce poison sont courantes, quotidiennes. On recommande la prudence en toutes conduites, dans les rapports avec autrui. Quand bien même des personnes sont soupçonnées de détenir le poison mortel, comme on ne le voit pas, on ne sait où elles peuvent bien l'avoir caché. Mais à l'inverse des Moso, ces personnes malignes ne sont pas forcément isolées du reste de la communauté, puisque les peuples africains subsahariens gardent en leur sein de telles mauvaises gens. Et, comme chez les Moso, personne ne détient de pouvoir contre la fatalité de ce poison, comme Alexandra David-Neel le reconnaît expressément chez les Tibétains : « la mort du détenteur de poison ne met pas un terme au danger. Cet inépuisable poison se lègue et le légataire n'a point la possibilité de le refuser. Bon gré, mal gré, il en prend possession et il est obligé de devenir empoisonneur à son tour » (p.163).

### E. L'Afrique noire

On remarque des caractéristiques de cette pratique sorcellaire chez beaucoup de peuples de l'Afrique noire.

D'abord, chez les peuples de l'Afrique subsaharienne comme chez les tibétains, on redoute beaucoup les effets de la sorcellerie au quotidien soit sous forme d'empoisonnement, soit sous forme de rafle de souffles vitaux. Les sorciers ont généralement hérité leurs pouvoirs maléfiques de l'un ou des deux parents, s'ils sont eux-mêmes sorciers.

Ce genre de pouvoir mortifère peut aussi s'acquérir par le biais d'une initiation spécifique. Mais, dans ce cas, celui qui s'avise de le faire peut exposer sa vie à une destruction rapide possible par les biopsychophages innés. Ils jugent qu'un tel individu et/ou intrus a eu l'audace d'avoir pu accéder à un univers particulier et dangereux auquel il n'avait pas droit, en vertu de sa nature initialement dénuée de la puissance sorcellaire. Puisque la sorcellerie est une affaire de commerce avec des « intraterrestres », il arrive que quelqu'un naisse avec la puissance ensorcelante sans que l'un de ses parents ou les deux ne soient eux-mêmes sorciers. Dans ce cas de figure, on pense qu'il s'agit de l'élection de son âme par un « intraterrestre ». Comme chez les Moso et les Tibétains, la puissance de la sorcellerie ne peut s'éteindre avec la mort des sorciers eux-mêmes, qui sont des habitacles éphémères d'une entité qui les dépasse en puissance. En outre, c'est un pouvoir encombrant, en vertu de ses actions essentiellement mortifères, nuisibles, dangereuses, dont on ne peut se délester. Il ne prend congé du sorcier qu'à la mort physique ou biologique de ce dernier. La puissance elle-même se retire et poursuit son mode d'existence à la recherche d'âmes à posséder pour perpétuer ses actions maléfiques, ses actes irrépressibles de dévoration de psychés humaines.

En revanche, contrairement à d'autres peuples, les populations subsahariennes ne regardent pas l'étranger comme un ennemi. L'ennemi est toujours intérieur aux familles, comme l'écrit Ryszard Kapriscinski à travers l'exemple de l'un des peuples de l'Afrique de l'Est qu'il avait connus lors de voyages-reportages à travers ce continent : « contrairement à la croyance généralement répandue selon laquelle les sorciers vivent chez les autres, agissent à l'intérieur, à distance, les Ambas sont persuadés que les sorciers vivent parmi eux, dans leurs familles, dans leurs villages, qu'ils font partie intégrante de leur peuple. Cette croyance est à l'origine de la désintégration de leur communauté qui est dévorée par la haine, détruite par une suspicion réciproque, anéantie par une peur généralisée : le frère a peur du frère, le fils du père, la mère de ses propres enfants, puisque tous peuvent être des sorciers »[52]. Cette peur et cette méfiance universelles, réelles, quotidiennes chez ces peuples résultent de ce que les victimes potentielles sont souvent exposées à des formes multiples de dangers. En effet, si on échappe aux coups mortels opérés par des sorciers sous la forme de rafle du souffle vital, on court le risque d'être empoisonné. Selon cet auteur, chez les Ambas, la peur est tellement paralysante que des individus craignent de franchir le seuil de la porte de leur logis. La raison, c'est l'auteur lui-même qui la donne : « ce sorcier peut en effet me faire mourir à petit feu. Ne serait-ce qu'en semant des cailloux, des petites feuilles, des plumes, des bouts de bois, des mouches mortes, des poils de singe ou des peaux de mangues, sur les sentiers que j'emprunte. Il me suffira de le fouler pour tomber malade ou mourir aussitôt. » (p.193) Cette traque continue des victimes potentielles des sorciers, chez les Ambas, les conduit à fuir de chez eux pour aller chercher refuge ailleurs et espérer, ainsi, être tranquilles, voire vivre plus longtemps.

[52] *Ebène – Aventures africaines-* (Plon, coll. « Feux croisés », Paris 2000, p.192)

# CHAPITRE II

# Compatibilité et incompatibilité du discours rationnel avec le mode du connaître de la discience

## 1. Essai de compréhension de la nature de la discience sous ses diverses figures et manifestations[53]

Les prêtres instructeurs lyéla nous ont appris que l'efficacité des *kialè,* soit les sorciers maléfiques ou bénéfiques, réside donc dans leur capacité à garder le silence[54] sur leurs pratiques. Comme le non-sorcier ignore tout du monde souterrain des *kialè* ou structure invisible, on enseigne, chez les Lyéla, l'art de maîtriser la parole. Elle doit l'être non seulement en dehors de chez soi, par exemple, pendant toutes les réunions publiques ; mais même dans l'espace public de la cour qu'on habite. En effet, pendant le jour et selon le mode de fonctionnement de la structure visible, les *kialè* comptent, parmi eux, des rapporteurs qui sont à l'affût des faits et gestes des gens qui enregistrent

[53] Voir le Tome 1 de ces travaux de recherches.

[54] Maurice Duval insiste beaucoup sur ce point dans ses propres recherches portant sur les Nuna de Bougnounou. Selon lui, ce silence social quasiment imposé confine à une forme de domination en vertu du pouvoir exercé par les prêtres du *kwéré.* Nous dirons que ce culte du silence entre dans le jeu mortifère des *kialè.*

leurs paroles. Puis, la nuit, sur la place des cérémonies sorcellaires, ils transmettent les diverses informations collectées à leur collège. On se fonde sur elles, quand elles sont de nature à dévier la conduite des particuliers par rapport aux *Nia* ou Testaments oraux du *kwala* ou autel/fondement d'un clan, pour entreprendre des actions de nuisance contre les intérêts de leur auteur ; ou même en vue d'un rapt de sa substance vitale. Alors, on comprend mieux le sens de l'enseignement de Joseph Bado de Sienkou, l'un de nos instructeurs : dès la prime enfance, les familles s'attachent à corriger les individus qui font preuve d'une telle disposition, celle de se méfier des rapporteurs comme d'une peste ; voire de tous ceux qui ont "la langue pendue", c'est-à-dire déliée. Nul n'ignore, y compris de nombreux individus parmi les non-sorciers, qu'ils sont un pont entre le jour et la nuit.

Néanmoins, les rapporteurs ne sont les seuls à remplir un tel office de nuisance : des membres de chaque famille, qui sont membres du collège des *kialè*, jouent également ce rôle de transmetteurs de messages, quand il s'agit de nuire à quelqu'un. Néanmoins, qu'il s'agisse de rapporteurs du *kwala (dabia)*, du terroir-village (autel de terre) ou des membres de sa propre famille, on utilise une stratégie identique : s'arranger pour accéder à l'intimité d'une victime potentielle pour mieux la surveiller. C'est pourquoi, chez les Lyéla, le pire ennemi apparaît sous la figure de l'intime, du membre de la famille qu'on aime le plus. Comme la victime, si elle est unisciente, qu'on cherche à piéger ignore les intentions réelles de tels prochains, elle se livre sans retenue à leur indiscrétion. Cette stratégie du compagnonnage, du familier permet d'étudier les habitudes de l'individu, autant le jour que la nuit. Dès que ses faiblesses ont été décelées et livrées au collège des gens de la nuit, on passe à l'attaque. En vertu de la préparation d'un tel crime, la victime a peu de chance de pouvoir s'en sortir. En ce sens, les Lyéla reconnaissent que les coups mortifères des femmes contre leurs époux sont imparables en raison de la transparence quotidienne de ceux-ci par rapport à leurs conjointes.

Toutefois, l'éclat des *kialè*, leur caractère redoutable, effroyable[55] même, en vertu de la violence scabreuse qui les meut essentiellement, réside dans leur vision de type panoramique sur la vie des individus, membres d'un *kwala*, suivant l'instruction de Koudougou Semporé, un autre instructeur et un jeune puissant prêtre théurgique de Sabou. Comme il l'avoue lui-même, cette singulière vision encercle tout et n'épargne personne, y compris eux-mêmes. Cependant, le mode d'observation et/ou de surveillance de la vie des autres est différent selon qu'on est doué ou non de ce pouvoir psychique supranormal qu'est l'essence sorcellaire. En effet, le non-sorcier est ignorant des pratiques souterraines et invisibles des *kialè* de sa famille, de son *kwala*, voire du village. C'est ce qui fait sa faiblesse notoire et sa fragilité fondamentale. Il ne peut se cacher pour accomplir un acte délictueux. Même s'il pense innocemment le commettre à l'insu de ce monde, on feint de garder un silence coupable sur ce qu'il a fait.

En réalité, le jour comme la nuit, il est vu et exposé aux yeux des « nyctosophes ». Ainsi, un non-sorcier qui commet un adultère, par exemple, avec la femme d'un frère de *kwala*, même si un tel acte s'est passé hors de l'espace villageois, est observé par les yeux des *kialè* dont la puissance sorcellaire leur permet d'être témoins de la scène. Lorsque la partenaire est elle-même *kialkê* (sorcière), elle s'empresse d'aller livrer le secret de ces amours coupables aux *kialè* du *kwala* de ce dernier. Quand cette personne mourra, on s'empressera de dire que le *kwala* l'a tuée. On

---

[55] Les membres de ceux-ci sont eux-mêmes frappés de terreur la nuit. Chez les Lyéla, on dit toujours qu'un *kiolo* est plus peureux la nuit qu'un non-*kiolo*. En fait, ils savent bien ce qu'ils font subir à leurs victimes et ils sont assez vulnérables aux yeux des autres quand ils ne sont pas dans leur état de puissance psychique de la nuit.

omet alors de dévoiler que les yeux du *kwala* sont, en fait, des yeux des *kialè*, gardiens du *kwala-Nia* ou Testaments de l'autel du clan. Yomboué Vincent Négalo, un instructeur de Réo, nous l'a déjà enseigné : le *kwala* par lui-même ne blesse pas, ne porte de tort à personne, ne tue pas. Mais les vivants, par l'intermédiaire des *kialè* chargés de conserver l'intangibilité des Paroles des ancêtres (*Nia*) sont les véritables auteurs de la violence sociale. Néanmoins, les morts des *dabia* ou frères de clan qui leur sont imputables, sont toujours causées au nom du *kwala* pour que la réalité et le fond de ces phénomènes souterrains demeurent cachés à la conscience des non-sorciers. C'est à cette condition que l'on maintient tout le monde dans le droit chemin du respect de la morale socio-politico-religieuse. Dès lors, et en principe, reconnaît-il, s'il y a de l'arbitraire, celui-ci est le fait de sorciers délinquants, crapuleux et jaloux.

Quant à ceux qui savent tout, conduisent ou régulent la réalité sociale, en l'occurrence les *kialè* eux-mêmes, ils exercent une surveillance mutuelle sur la vie des uns et des autres. Même à titre de gardiens, un statut qui permet de tirer un avantage certain du système social, ils ne sont pas au-dessus des *kwala-Nia* ou Paroles fondatrices de l'autel du *kwala*. Celui d'entre eux qui commet une faute voit sa substance vitale aussitôt appréhendée par les autres et détruite selon leur mode spécifique d'annihilation de la vie humaine. Dans le monde des gens de la nuit, l'ordre n'est pas toujours très lisible, ni aisément intelligible pour le non-sorcier.

### A. Des sorciers ou *kialma* et de leurs diverses formes : des « aliens » potentiels ou des êtres « tératogènes » physico-psychiques ?

Dans les années 1990, bien avant notre rencontre avec Diaboado Tankoano, l'enseignement d'Edasso Bépio Bado, un regretté prêtre théurgique fort célèbre qui vivait à Kion, dans la Région de Réo, confirma les révélations que Beyon Bagoro, le maître du *Djandjou,* théurgie renommée en Côte d'Ivoire, Ghana, Burkina Faso, nous avait faites au cours des années 1980. Selon l'un et l'autre, il y a plus de sorciers dans les familles que d'individus dénués de la puissance sorcellaire (bi-vision). Nous savons, grâce à Beyon Bagoro, qui ne cachait rien de ce qu'il savait du monde des *kialè* que, dans notre propre famille, nous sommes seulement un très petit nombre, parmi ses membres, à être privés du pouvoir de la perception extra-sensorielle. En effet, en 1980 à Bianouan (Côte d'Ivoire), lors d'une investigation auprès de lui sur la question du pouvoir des sorciers, un jour, Beyon Bagoro nous fit mander dans sa maison et nous dévoila le secret sur la nature de la puissance sorcellaire de chacun d'eux. Il nous instruisit également du mode de fonctionnement de chacune de leurs puissances sorcellaires : celle qui se transforme en épervier, la nuit, dès l'abandon du corps-peau pour aller faire le mal loin de Bianouan ; celle qui a la faculté d'entrer sous terre pour créer un espace où elle peut se livrer à son aise à divers maléfices sorcellaires ; celle qui est douée d'une faculté susceptible de prendre la figure d'un puissant cavalier, armée de façon impressionnante et qui met ses pouvoirs au service du collège des *Kialè*, dans la capture des *ywelsè* (âmes) ; celle qui prend la forme de diverses montures animales comme le chat, le porc, le chien etc.

Au terme de cet entretien, il nous enjoignit de garder scrupuleusement le silence sur ces révélations privées. Car tant qu'un sorcier n'est pas pris en flagrant délit de pratiques sorcellaires, il n'est pas sorcier, dès lors que le non-sorcier ne peut le savoir. Ce dernier ne peut donc l'accuser de quoi que ce soit ; ce qu'il ne serait pas, d'ailleurs, en mesure de prouver, soit de façon visible, soit sous la forme des pratiques nocturnes. Et s'il ne parvient pas à le faire, il se livrerait lui-même aux tentatives de prédation des « gens de la nuit ». Même quand la substance sorcellaire de ce genre d'individus est prise aux pièges des *jinns* d'une théurgie, comme ceux de *Djandjou*, par exemple, il niera[56] aussi longtemps qu'il le peut, puisqu'il est désormais dévoilé et livré à la honte publique. Car être reconnu comme sorcier est la pire ignominie qui puisse s'abattre sur quelqu'un, du fait du rejet implicite, par la société, de la personne du *kiolo* que tout le monde abhorre.

Plus tard, c'est-à-dire en juillet 1998, ces informations ont été complétées par ce jeune prêtre théurgique du nom de Koudougou Semporé, dont il a été précédemment question. Il nous révéla, entre autres, deux réalités sur l'essence des *kialè* : d'abord, ceux-ci se distingueraient les uns des autres en fonction de la nature spécifique de l'esprit ou substance ensorcelante qui les meut et les dispose à fonctionner selon son caractère propre. Nous retiendrons seulement le fait que, quelles qu'elles soient, ces âmes ou ces puissances spirituelles n'ont point la beauté de l'Homme : elles ont des formes extraordinairement étranges, laides, complètement à l'opposé des nôtres et dont certaines font penser, d'après les explications de ce jeune prêtre théurgique, aux corps des acariens. En dépit de leurs facultés propres, grandes, moyennes, petites, et même si elles meuvent la volonté de leurs hôtes humains, ces puissances suprasensibles sont néanmoins servantes de l'âme hu-

[56] Dans le contexte culturel des Bamiléké du Cameroun, on assiste, selon Charles Henry Pradelles de La Tour, à un refus d'aveu semblable. Il donne l'exemple d'une femme prise en flagrant délit de pratiques sorcellaires qui les niera jusqu'à sa mort : « la première femme se leva et dit : « qu'est-ce qui m'a fait si mal ? » Son mari furieux l'accusa publiquement d'être *ndip*. Elle plaida son innocence, mais personne ne la crut. Elle dut repartir dans sa famille. Quelque temps après, le hibou, affaibli par ses blessures, se montra le soir près de la concession. Les enfants le signalèrent à leur père qui le tua avec son bâton. On apprit plus tard qu'au même instant la sorcière était morte dans sa famille. » (1997 : 74-75).

maine. Ensuite, la puissance de chacune d'elles se quantifie ou s'estime en termes de nombre de paires d'yeux dont elles sont douées. Il y a tout un échelonnement de ce type de paires d'yeux, de quatre à trente-deux qui indiquent leur puissance substantielle, voire la hiérarchie[57] qu'elles occupent dans le collège des *kialè*. Celles qui ont le plus de paires d'yeux, selon Koudougou Semporé, sont regardées comme les plus puissantes en raison de l'amplitude de leur vision et, donc, de leur capacité à surveiller les faits et gestes de leurs victimes potentielles. Elles sont chargées, par les autres, de l'accomplissement des missions délicates, difficiles et éloignées dans l'espace. L'exécution de ces tâches, de caractère exceptionnel, les place automatiquement au sommet de la hiérarchie des *kialè* : elles sont respectées et très appréciées comme telles.

Ces dernières révélations confirment bien ce qu'Evans-Pritchard a remarqué chez les Azandé et qui se dit ordinairement chez les Lyéla. D'abord, cet auteur montre que les sorciers azandé opèrent en association lorsqu'ils se livrent à leurs pratiques de destruction de vies humaines ou ce qu'Evans-Pritchard appelle « *les festins vampiriques* ». Mais l'association qui donne lieu à une hiérarchie n'est pas de même nature que chez les Lyéla. Car chez les Azandé, elle est liée à l'âge, comme dans le monde visible, du moins, suivant les remarques de cet auteur : « il y a des rangs et un commandement chez les sorciers. Un homme doit atteindre l'expérience en recevant l'enseignement des sorciers plus âgés, avant d'être qualifié pour tuer ses voisins. La venue de l'expérience marche de front avec le développement de la substance ensorcelante. On dit aussi qu'un sorcier ne peut tuer complètement un

[57] Cette hiérarchie au niveau de la structure invisible apparaît comme un facteur de rupture avec l'égalité absolue entre individus, égalité imposée ou voulue ou recherchée au niveau de la structure apparente. Sur ce point, il n'y a pas de continuité entre les deux champs de réalité.

homme de sa propre initiative, mais qu'il doit présenter des propositions au rassemblement de ses compagnons, que préside un sorcier en chef. Ils débattent la question entre eux » [1972 : 73]. On peut retenir ici que chez les Azandé, comme chez les Lyéla, en raison de la difficulté à tuer aisément un adulte, la question de sa mort est très souvent débattue en assemblée des « gens de la nuit ». En effet, on doit tâcher de trouver le moindre indice qui serait de nature à justifier une telle mise à mort biophysicopsychique. En revanche, concernant l'individu accédant à la hiérarchie chez les sorciers, les Lyéla pensent qu'il n'est pas nécessaire qu'il soit âgé. Seule la nature de la substance sorcellaire d'un individu, c'est-à-dire de l'énergie psychique extrasensorielle maligne qui l'habite et le dispose avec aisance et vélocité à capturer plus de vies humaines (biopsychés), qui incline les autres à décider *de facto* de son statut de chef au milieu de ses congénères. Mieux, elle s'impose d'elle-même parmi les autres sorciers et obtient ainsi leur reconnaissance. Hormis cet aspect particulier, les résultats des recherches d'Evans-Pritchard montrent les mêmes manifestations du phénomène de la sorcellerie partout semblable en Afrique subsaharienne.

Ensuite, la société des *kialè,* hormis ceux qui sont des délinquants et qui ont un penchant à tuer de manière arbitraire, est donc organisée de manière hiérarchique. En effet, les *kialma* ou sorciers qui ont réussi à tuer le plus d'êtres humains sont hissés au sommet de la puissance sorcellaire du fait de la fréquence des occurrences de manducation auxquelles leurs rapts de substances vitales donnent lieu. Tous les sorciers envoûtés par les *jinns* de théurgie l'avouent. En outre, ils révèlent qu'il n'est pas aisé de tuer un être humain en raison d'un système de protection ou d'un réseau de relations extrêmement complexe, non seulement au niveau des vivants, mais aussi à celui des vies silencieuses, c'est-à-dire les esprits vivants des ancêtres, des *jinns* protecteurs des particuliers ou de la collectivité, voire des divers êtres spirituels ou entités extrasensorielles qui peuvent veiller sur lui ; ou plus exactement sur sa vie biochimique. Tout cet ensemble de réalités multiples et diverses, par leurs essences propres, collabore en vue de constituer la complexité de la réalité de la vie d'un sujet humain. D'où le fait que les sorciers biopsychophages se contentent souvent de rapts des vies les plus aisées à atteindre : celles des membres de leurs propres familles.

Car le monde spirituel ou extrasensoriel semble également avoir des lois qui interdisent les actes crapuleux hors de cette sphère privée. Même dans ce cadre, et malgré les difficultés particulières inhérentes à toute existence humaine, parvenir à détruire une vie humaine procure une sorte de volonté de puissance et de jouissance immense. Ainsi s'expliquent le cercle vicieux d'un état d'extase psychique résultant de la faculté de mise à mort aisée des victimes, et l'admiration que les *kialè* portent aux plus grands tueurs d'entre eux.

Outre la multiplicité et la singularité des yeux dont ils sont doués, leurs pratiques de la conservation en vie (physique) momentanée de leurs victimes paraissent énigmatiques. En effet, l'ensemble des prêtres théurgiques qui nous ont instruits au sujet de la dimension suprasensible de l'être humain ou domaine de la structure invisible, tout autant que la conception courante et unanime sur le procédé de l'annihilation de l'âme humaine par les sorciers, reconnaissent que l'être physique, dépouillé de son essence vitale immatérielle, continue d'exister. Si, pour les yeux ordinaires, il vit encore, même s'il n'est pas malade, pour les yeux « nyctosophes », selon le mot de Dominique Zahan [1870 : 158], il survit seulement. Car ce qui le maintient provisoirement en vie tient à la préservation de son foie par les sorciers. Dès que celui-ci est annihilé ou « vampirisé » par ceux dont il est victime, il meurt aussitôt après[58]. C'est donc l'état de la substance vitale, transparente en elle-même, que les sorciers et les prêtres théurgiques voient immédiatement et clairement. En effet, ces derniers ont aussi cette bivision. Cependant, leur propre âme sorcellaire est seulement d'essence différente de celle des premiers.

### B. De la nature de la discience/sorcellerie et de sa perception psychique extrasensorielle[59]

Certes, parmi les peuples gourmantché, il existe des prêtres théurgiques qui ont acquis la science d'une bivision singulière. Il s'agit d'un produit extrait d'essences de plantes mélangées à des substances animales et minérales etc. Lorsqu'on le consomme, son énergie va s'emparer de celle de la psyché humaine et la transformer en lui transmettant la puissance de la perception extrasensorielle. Celle-ci la plonge ainsi immédiatement dans la vision des réalités imperceptibles par les sens ordinaires. Selon notre jeune ami prêtre gourmantché, Diaboado Tankoano, détenteur d'une telle substance, on peut voir sans être nécessairement vu par toutes les personnes douées d'énergie psychique extrasensorielle moins puissante. Il s'agit, en l'occurrence, de toutes celles qui n'ont pas touché à l'acte sacrificiel de transmutation psychique maligne par la manducation de la biopsyché, c'est-à-dire cet acte qui permet d'accéder au statut de « monstre psychique ».

[58] Nous l'avons vu auparavant : dans le contexte français de la mort des individus par sorcellerie, Jeanne Favret-Saada parle de cachexie, un terme médical approprié pour qualifier ce processus de mort mystérieuse que le monde de la médecine scientifique ne sait pas diagnostiquer précisément. L'emploi d'un tel terme, pour désigner l'innommable, permet de rendre intelligible, voire socialement compréhensible et acceptable ce genre de fait et/ou cet ordre des pouvoirs du cerveau humain.

[59] Voir *De l'anthropologie quantique comme science ultime de l'Homme.*

A ces derniers, on ne peut guère échapper si l'on consent à pénétrer dans l'univers de leur puissance singulière. En d'autres termes, dès qu'on les voit, par le pouvoir de ce produit, on est aussi et immédiatement vu par eux. Aussitôt, ils entreprennent de contraindre l'intrus à rentrer dans leur jeu mortifère d'échanges biopsychiques de vie en vue de leurs cérémonies macabres. Ou alors on sacrifie sa propre vie dans cette aventure scabreuse à l'intérieur d'un champ de réalité suprasensible impitoyable.

## 2. Le rationnel et l'irrationnel dans la philosophie de Platon

### A. La pratique ordinaire de la sorcellerie en Grèce du temps de Platon

Les puristes, dans le champ de la philosophie ou de la science, pourraient être scandalisés, choqués même par ce rapprochement que nous entreprenons entre ces matières qui, en apparence, n'ont rien à voir ensemble. Mais, la séparation classiquement établie ou convenue entre elles est-elle si radicale qu'on le croit d'ordinaire ? En réalité, depuis quelques siècles, disons depuis le XVII$^{e}$ siècle européen, les hommes ont déployé des trésors d'énergie pour rendre incompatibles, ne serait-ce qu'au niveau de la simple idée, la science et la sorcellerie. On s'est amusé à tant compartimenter le cerveau humain, créateur de toutes les sciences, de toutes visions du monde au point qu'aujourd'hui, dans les temples de l'instruction (écoles, collèges, lycées, universités etc.), la croyance fort répandue dans ces univers veut que l'ensemble des disciplines enseignées ne soit même pas envisagé sous l'angle de l'interdisciplinarité. Même à l'intérieur de chaque science, dure ou humaine, on morcelle les perspectives des études, on les perfectionne dans la spécialisation de telle sorte que, dans chaque champ du savoir, et de l'intérieur de chaque parcelle de savoir, le discours varie à l'infini et l'on n'arrive plus à se comprendre vraiment ; au point que nous avons affaire à une véritable tour de Babel. Ceci est vrai de la biologie, de la physique, de la chimie, des sciences humaines, etc. Est-on, pour autant, parvenu à une meilleure intelligibilité des phénomènes ? Il y a lieu d'en douter puisque la recherche de la vérité ultime, consensuelle et universelle apparaît comme la quête inassouvie du Sacré Graal. En réalité, si le cerveau est l'unique créateur de toute la réalité phénoménale, s'il est l'unique cause et/ou source première de la culture humaine, on est en droit de considérer qu'un émiettement, c'est-à-dire une telle dichotomisation des savoirs n'est rien d'autre qu'un artifice dénué de tout fondement réel.

Nous tâcherons de montrer qu'au fond, science et sorcellerie ne sont pas si éloignées l'une de l'autre qu'on le croit d'ordinaire. D'abord, si l'on prend l'exemple de quelques grandes figures de la pensée rationnelle et scientifique de la philosophie grecque, en l'occurrence Platon, on s'aperçoit très vite que la sorcellerie a exercé un attrait sur son esprit. En effet, l'ancienneté des civilisations égyptiennes, puis perses avec l'influence du grand mage Zoroastre, n'avait pas manqué d'engendrer la croyance, voire l'idée qu'elles véhiculaient des savoirs utiles à l'élévation de l'esprit humain. L'étonnement et la curiosité intellectuelle l'emportaient plus chez Platon que le dédain par rapport à tout ce qui n'obéissait pas à l'organon rationnel. On comprend, selon André Bernand, que de grands esprits de leur temps, comme « Pythagore, Empédocle, Démocrite et Platon allèrent s'instruire dans cette science » (p.p.53-55), celle, entre autres, des Mages perses, de la science et de l'ésoscience égyptiennes. Mieux, l'auteur des *Sorciers grecs* (Fayard, Paris 1991) précise ceci : « dedans ou dehors, public ou privé, la religion égyptienne était profondément imprégnée d'éléments mystiques et magiques au point que le reste du monde regardait l'Egypte comme la source première, *fons et origo* du monde occulte et des méthodes pour forcer ses secrets… surtout les Egyptiens connaissaient tous les procédés pour protéger les humains, fléchir les dieux ou les démons, vaincre les méchants et les ennemis. Pays des amulettes et des papyrus, l'Egypte a fourni tous les procédés aux sorciers grecs.

C'est pourquoi, les philosophes présocratiques (…) faisaient le voyage d'Egypte comme le fera plus tard Platon. Entre les Mages iraniens et l'Egypte existaient des liaisons » (p.p.54-55). En réalité, en raison de la grandeur de la civilisation égyptienne, de sa très grande influence économique, militaire, scientifique dans le creuset des premières civilisations humaines, c'est-à-dire l'Afrique, le Moyen et le Proche-Orient, le pourtour méditerranéen, voire de sa permanence, malgré les soubresauts et les vicissitudes de la vie dans les palais des pharaons, on en était venu à penser que tous les temples d'Egypte devaient receler des écrits secrets. Aussi, les étrangers avides de savoir, aidés par des Egyptiens intéressés par le goût du lucre, recherchaient frénétiquement, dans les bibliothèques et les sanctuaires, des écrits traitant d'alchimie et autres sciences occultes.

C'est pourquoi, Platon, comme Hérodote, soutenaient tous les deux que les Egyptiens ont été les maîtres des Grecs en tous genres de science. Cependant, Platon éprouvait un double sentiment par rapport aux apports culturels de cette éternelle Egypte, notamment dans les domaines de la science.

Certes, la forte prégnance sur son esprit des sagesses pythagoriciennes mathématico-spirituelles et/ou religieuses, l'avait incliné à consolider sa croyance en l'existence, voire en l'antériorité de l'âme par rapport au corps (sôma) qui ne serait rien d'autre qu'un *sêma* (sépulcre) pour la psyché (âme). Là gisait son attirance pour l'apport culturel égyptien et sa croyance en la sorcellerie. En même temps, il éprouvait de la méfiance pour cette dernière. Les raisons de sa conduite ambivalente, selon André Bernand, qui se fonde sur divers documents consultés pour les prouver, tiennent à l'omnipotence de la sorcellerie égyptienne tant en Grèce même que dans le reste des zones du pourtour méditerranéen sous l'influence de la civilisation égyptienne. En effet, écrit-il, « les sorciers égyptiens n'avaient rien à envier à leurs collègues chaldéens. Ils savaient par des talismans ou des amulettes, protéger le corps de toute atteinte pernicieuse ; par des formules appropriées, transférer sur un animal les maladies affectant l'homme… rendre inoffensives les forces mauvaises en mutilant des hiéroglyphes ; confectionner des figurines d'envoûtement pour se débarrasser des ennemis […]. En général protectrice, agressive à l'occasion, la magie était présente dans la plupart des activités courantes de l'Ancienne Egypte. Elle servait à l'Etat, elle servait aux temples ; elle servait aux malades, à ceux qui craignaient de le devenir ; elle protégeait des revenants, des accidents ; elle sauvait les morts des génies d'outre-tombe… A l'occasion, elle assurait les succès militaires et bonnes fortunes. Elle imprégnait la couronne du roi, déesse « aux grands sortilèges » […]. Mais le sorcier égyptien utilisait habituellement des procédés auxquels recouraient aussi les sorciers grecs. » (p.56)

En tant qu'intellectuel curieux, c'est-à-dire à l'esprit ouvert à la connaissance de multiples domaines des savoirs humains, l'attirance de Platon pour la sorcellerie en général s'expliquait par le fait qu'il y avait un engouement populaire grec pour ces sciences dites occultes. On était fasciné par ces pratiques, en raison des guérisons du corps qu'elles étaient censées opérer. Mais Platon, qui devait connaître que l'analyse de la froide raison, qui appréhende les phénomènes sous sa propre lumière, savait aussi que la science qu'elle délivre était différente des productions du même cerveau suivant des règles et des principes, voire un langage spécifique non accessible à tout venant. Néanmoins, il a préféré accorder plus d'importance, de primauté même au mode rationnel d'intelligibilité des faits humains et physiques. Les raisons de ce dernier choix sont les suivantes. D'abord, Platon ne pouvait admettre, dans les pratiques religieuses et/ou sorcellaires, que les hommes puissent prétendre commander à, voire se concilier les grâces des dieux par le biais des sacrifices d'animaux ou, dans le pire des cas, d'êtres humains : tel est le cas, dans l'*Iliade* d'Homère, de l'immolation d'Iphigénie, fille d'Agamemnon et de Clytemnestre. Comme Epicure le reconnaît à juste titre, les dieux sont parfaits, autarciques et n'ont guère besoin que les hommes leur offrent des sacrifices pour les nourrir en sollicitant leurs grâces sous quelque forme que ce soit. Ils se suffisent à eux-mêmes, sont indifférents au sort des hommes et n'ont donc pas besoin de la fumée de leurs sacrifices comme forme de contentement (*Lettre à Ménécée*). Une telle croyance est le fait de la religion populaire ; et ne pas accorder foi à celle-ci n'est pas un acte impie.

Ensuite, Platon bannit de la Cité toutes les sortes de goètes qui existaient en son temps. Ceux-ci étaient réputés être essentiellement des ensorceleurs (goeteriens) ; ce qui constitue une abomination, dès lors que les goètes étaient censés agir sur l'âme de quelqu'un en annihilant l'usage normal de ses facultés rationnelles, de son pouvoir d'accès au vrai, directement et par soi-même. C'est ce que dit, de son côté, André Bernand quand il écrit que, selon Platon, « les dieux ne sont pas à vendre. Or, en croyant à la vénalité des dieux, les sorciers se montrent coupables d'impiété, l'asébéia, se manifestant sous trois formes : la négation de la divinité, la négation de la providence, la croyance à la vénalité des dieux. Telle est la théorie des *Lois*. Pour Platon, cette relation directe des sorciers avec les dieux est impie parce qu'elle ne relève pas de la religion de l'Etat, c'est-à-dire de la communauté civique célébrant les fêtes rituelles et publiques » (p.219). Au fond, ce qu'il désapprouve dans les cérémonies de la sorcellerie, c'est leur caractère particulier. Elles semblent constituer des entités autonomes à l'intérieur de l'Etat conçu comme holistique par excellence. La sorcellerie ne saurait avoir sa place au sein de l'Etat comme « un empire dans un empire » pour reprendre l'heureuse expression de Spinoza (*Ethique*, IV, 4). Car la sorcellerie, en usant d'un langage ésotérique, comme la magie ou la religion non étatique, s'apparentait davantage à une tromperie, à une sorte d'enchantement des âmes qui étaient avides de domination sur les autres. La sorcellerie pourrait être, à la limite, admise au sein de l'Etat à la seule condition qu'elle se soumette elle-même à l'harmonie des fonctions de l'Etat, qu'elle se règle sur la conduite conforme aux lois de l'harmonie et du rythme, en somme aux lois universelles de la mathématique.

### B. Raison et « déraison [60]» dans l'approche platonicienne de la pensée et la complexité des phénomènes humains

En acceptant d'approcher, de s'imprégner, voire d'étudier et de comprendre la sorcellerie, Platon, mieux que son disciple Aristote, a compris les mécanismes de la sorcellerie, cet autre versant des pouvoirs du cerveau humain. Il a aussi saisi les effets pervers, les opérations mortifères de la sorcellerie qui inspiraient davantage la terreur,

---

[60] Celle-ci n'est rien d'autre qu'une autre dimension de la raison qu'il convient de prendre en compte, si l'on veut comprendre ce qu'est la raison elle-même. Car celle-ci est comparable au dieu Janus avec ses deux visages qu'on ne peut inter-changer. Ils sont dans un rapport de complémentarité. En outre, les deux ne sont rien d'autre que des modalités différentes de fonctionnement du même cerveau humain qui fait preuve, en somme, de pouvoirs infinis, jamais encore totalement explorés, eu égard à l'étroitesse de notre débile conscience. Celle-ci n'est, en réalité, qu'un minuscule hublot du cerveau sur soi-même et sur le Cosmos.

l'effroi que l'état serein, paisible de la raison face à ces phénomènes. Conscient que la recherche du bonheur, pour tout être humain sur terre, est la fin naturelle de l'existence humaine, Platon, tout autant qu'Aristote, explore davantage les dimensions du cerveau qui sont appropriées à la fondation d'une morale eudémoniste que celles recherchées par la sorcellerie, en l'occurrence, les passions malsaines, revanchardes, mortifères au cœur de la nature humaine ; en somme, la puissance trouble sur les êtres humains et sur certains phénomènes de la Nature. On comprend alors la négligence, voire le mépris affiché par Aristote à l'égard des pratiques de la sorcellerie qu'il n'ignorait pas non plus. Persuadé que la finalité du droit, dans l'Etat, est la justice, c'est-à-dire le fait d'accomplir des actes justes et que, par ailleurs, la nature a, pour ainsi dire, fixé de justes proportions, de justes relations entre les phénomènes, la raison sous sa figure logique, selon Aristote, nous permet de découvrir, d'appliquer, voire de respecter ces rapports justes conformément aux lois de l'Etat. Et puisque les sorciers s'adonnaient à des pratiques individuelles non conformes aux règles « rationnelles » et conventionnelles de la vie en société, leurs savoirs, du moins, n'étaient pas dignes d'être des objets d'étude pour le philosophe. Toutefois, Aristote a eu tendance à séparer les Mages qu'il considérait comme « des sages » car « ils ne connaissent pas la sorcellerie », ni les sorciers. Mieux, il ajoute que « les plus anciens mages sont des Egyptiens ». [1991 : 223]

En fait, selon André Bernand, si les philosophes grecs ne pouvaient ignorer les sorciers, s'ils les côtoyaient, cette donnée historique et réelle est à chercher dans la nature même de leur société. Contrairement à l'image d'Epinal qu'on a coutume de nous peindre de cette ancienne société grecque comme sereine, comme si tous les Grecs anciens étaient parvenus à être des philosophes, on doit reconnaître qu'il s'agit ni plus ni moins d'une tradition purement imaginaire. En effet, à l'instar de toute société humaine, elle était traversée par des soubresauts politiques, par la vicissitude de la vie des individus au quotidien, par la lutte pour la survie et le pouvoir qui engendrent violence, agressivité, haine, guerres de toutes sortes. D'après les témoignages des Grecs sur lesquels cet auteur se fonde, il en résulte que « ces réflexions procèdent d'un examen sans complaisance de la société agonistique qu'était la cité antique, dont on a tant vanté les vertus. Il s'agissait en fait d'un monde impitoyable où la réussite sociale était le seul critère de la considération. On oppose trop facilement la sagesse antique à la démesure moderne où le « toujours plus » constituerait l'idéal des nouvelles générations. Il serait plus honnête de constater que la société d'exclusion et d'ambition qu'était la Cité antique connaissait d'aussi vives et d'aussi cruelles rivalités » [1991 : p.p.226-227].

Face à cette situation sociale difficile, Aristote, comme d'autres philosophes de son temps, a pensé un mode de vie plus serein sous l'angle des lumières de la raison « logique ». On comprend donc que, par rapport aux tumultes du monde, d'un monde humain incapable de quelque sérénité, Aristote ait préféré les conditions d'une vie contemplative. Car, selon Bernand « il voit en effet dans la contemplation la plus haute activité de l'homme ; elle peut se poursuivre longtemps sans fatigue, elle est agréable, elle se suffit à elle-même, elle représente une fin en soi, elle procure des loisirs dont nous prive la guerre, elle correspond à ce qu'il y a en nous de plus divin » [1991 : 227].

Platon, à l'instar d'Aristote, aime, dans le procédé d'analyse rationnel, la nécessaire mise à distance des phénomènes pour les appréhender, mieux les analyser et, finalement, les comprendre autant que faire se peut. Ce premier scientifique de l'histoire de la pensée occidentale a inauguré dans l'« allégorie de la caverne » (*République,* livre VII), le cheminement universel de la formation de l'esprit rationnel et/ou scientifique. Comme nous sommes d'emblée plongés dans la nature et, donc, prisonniers de la structuration du réel par l'emprise des sens, il nous faut faire un effort quasi surhumain pour sortir de la caverne, qui nous tient prisonniers de manière imbécile, et pour oser franchir les étapes ardues et escarpées de l'élévation de notre esprit vers le monde intelligible : celui de la lumière de la raison. Certes, ce discours proprement scientifique ne met pas pour autant Platon à l'abri de la croyance, c'est-à-dire du versant « obscur », mais tout aussi réel, de la raison. En effet, ses dialogues sont traversés de part en part par un discours de la raison qui n'a pas son intelligence en soi-même, en l'occurrence, le récit mythique.

Platon semble, d'ailleurs, reconnaître les limites de l'une et de l'autre figure de l'exposition des idées. Si la raison paraît triomphante dans sa forme discursive et/ou analytique pour exposer des idées, défendre des arguments, réfuter et confronter des thèses, conduire logiquement, l'espace d'une discussion, des positions intellectuelles, il n'en demeure pas moins qu'elle a des bornes vite atteintes. D'une part, la discussion dialectique, entre autres, peut devenir un jeu stérile de joutes philosophiques, la confrontation jouissive d'opinions creuses. D'autre part, alors que le bénéfice de la discussion devait être à la fois la connaissance de soi-même, l'élargissement de l'horizon des savoirs, une connaissance fine, approfondie des concepts en jeu dans celle-ci, elle est devenue à la longue, l'art de persuader l'auditeur en flattant ses opinions.

Dès lors, elle perd ses finalités initiales qui étaient de rechercher la vérité et de parvenir à un accord avec soi-même. En revanche, il semble considérer qu'au-delà de cette parure dans les dialogues ou les discours, il y a quelque chose de plus essentiel que ceux-ci ne peuvent contenir. Car à l'inverse de la prose (discours), qui analyse et dissèque les phénomènes, les mythes sont comme le recueil de la parole essentielle sous leur forme poétique.

En outre, ils concernent la destinée de l'âme et, plus généralement, l'histoire humaine elle-même. Mieux encore, chez Platon, le mythe intervient souvent à la fin de la discussion, lorsque la dialectique ou le déploiement de la raison a comme épuisé tous les arguments en jeu. L'intervention du mythe clôt le débat et s'impose comme l'ultime parole qui contient la vérité recherchée en vain dans la discussion. C'est cette parole essentielle, c'est-à-dire la vérité contenue dans le mythe qu'on peut rapidement examiner à travers quelques dialogues.

Dans le *Protagoras*, le mythe de Prométhée et d'Epiméthée dévoile l'intervention des dieux sans laquelle l'espèce humaine aurait sans doute disparu de la surface de la terre. L'un des mythes du *Banquet* relate la naissance d'Eros, c'est-à-dire le désir d'un manque inhérent à l'essence de l'amour. Celui-ci est toujours désir d'une complétude fondamentale qui nous fait défaut. A la fin du *Gorgias* ou de la *République*, les mythes interviennent pour clore un long débat inépuisé sur le concept de justice qui n'avait pu être tiré au clair par la discussion rationnelle. Dans le *Phèdre*, la question de l'expérience pré - empirique de l'âme est comme démontrée par le mythe de la transmigration des âmes, à la suite du cortège des dieux aux confins de l'univers pour contempler la « plaine des essences éternelles ». C'est une thématique que confirme également le mythe du *Ménon*. Le mythe du *Phédon* spécule, certes, sur une sorte de géographie décrivant le pays des ombres. Mais ce mythe sert surtout à démontrer l'heureux sort qui attend les philosophes qui ont fait le bien sur terre, comme Socrate. Ils seront appelés à vivre aux « Iles Bien heureuses » pour y partager l'univers des dieux. Dans le mythe des *Lois*, l'âme est attirée nécessairement vers des lieux où elle doit subir son châtiment ou, au contraire, jouir de sa récompense. Dans le *Timée*, le mythe raconte comment l'âme du monde a été formée avant de se transformer en un corps. Ainsi, le monde est perçu comme un grand être vivant et animé.

Ces quelques observations, dans l'œuvre de Platon, confirment, par ailleurs, le fait que François Jacob reconnaisse une même origine au mythe en général, et à la science en particulier. C'est en ce sens qu'il écrit : « qu'il s'agisse d'un mythe ou d'une théorie scientifique, tout système d'explication est le produit de l'imagination humaine. La grande différence entre mythe et théorie scientifique, c'est que le mythe fige [...]. Une théorie scientifique fonctionne de manière différente. Les scientifiques s'efforcent de confronter le produit de leur imagination (la théorie scientifique) avec la « réalité », c'est-à-dire l'épreuve des faits observables »[61]. Malgré une telle évidence des pouvoirs de la raison, qui se manifestent suivant des faces ou des formes différentes, les tenants de l'orthodoxie rationnelle s'efforcent de montrer qu'en dépit de cette origine commune, la supériorité de la science l'emporte sur le mythe. Mieux, selon Marcel Mauss, non seulement mythe, philosophie et science ont une origine commune, c'est-à-dire le cerveau humain, mais en outre, malgré la complexité, voire l'abstraction du discours scientifique, on remarque une parenté entre science et magie. C'est, du moins, ce qu'il écrit : « Si éloignés que nous pensions être de la magie, nous en sommes encore mal dégagés. Par exemple, les idées de chance et de malchance, de quintessence, qui nous sont encore familières, sont bien proches de l'idée de la magie elle-même. Ni les techniques, ni les sciences, ni même les principes directeurs de notre raison ne sont encore lavés de leur tache originelle »[62].

En réalité, par-delà le beau langage courant et commun de modernité en usage dans tous les domaines des savoirs

---

[61] *Le Darwinisme aujourd'hui* (Point-Seuil, Paris 1979, p.146)
[62] *Sociologie et Anthropologie*, P.U.F, Paris 1950, p.137)

contemporains, au fond, du point de vue de la nature, nous sommes quasi impuissants à dépasser les rémanences du mythe d'une part, d'autre part, ce que nous avons de savant en nous contient encore le sorcier que l'on ne veut plus voir comme une abomination incongrue. Plus loin dans le même ouvrage, Mauss insiste sur le lien très fin entre science, mythe et magie : « La magie se relie aux sciences de la même façon qu'aux techniques. Elle n'est qu'un art pratique, elle est aussi un trésor d'idées » (p.134).

Ainsi, et malgré la myopie des rationalistes orthodoxes, l'idée qui pose la rupture entre mythe et science repose sur une thèse laudative en faveur de la supériorité de la raison qui serait regardée comme un progrès par rapport au discours ou au récit mythique. Or, dans le cadre de la pensée grecque dont le monde de la culture savante continue de se nourrir abondamment, un grand connaisseur de cette culture antique, en l'occurrence Jean-Pierre Vernant, a maintes fois démontré dans ses travaux que l'hypothèse de la raison comme figure du progrès par rapport au mythe, et en rupture totale avec lui, fait aussi partie des mythes forgés dans les temps contemporains. En réalité, il faut considérer les liens entre *muthos* et *logos* comme une continuité qui suit des étapes, lesquelles changent de forme. Il s'agit donc d'une mutation par paliers, d'un cheminement continu et non d'une discontinuité radicale. Il n'y a pas, selon Jean-Pierre Vernant « d'immaculée conception de la Raison »[63]. Donc, qu'il le veuille ou non, tout logos philosophique et scientifique porte en lui l'histoire du *muthos.*

Ainsi, selon Lévi-Strauss, s'il y a historiquement une continuité entre *muthos* et *logos,* magie et science, alors, « au lieu, donc, d'opposer magie et science, il vaudrait mieux les mettre en parallèle, comme deux modes de con-

[63] *Mythe et Pensée chez les Grecs II*, (Maspéro, Paris 1971, p.122)

naissance inégaux quant aux résultats théoriques et pratiques [...] mais non par le genre d'opération qu'elles supposent toutes deux et qui diffèrent moins en nature qu'en fonction des types de phénomènes auxquels elles s'appliquent »[64]. Dans cette perspective, la différence qu'on peut établir entre mythe et science, par exemple, serait une différence de degré ; d'autant plus que la pensée magique, selon ce même auteur, serait en mesure d'en remontrer à la science en vertu de la richesse et de la diversité de son inventaire. Mieux encore, une fiche de lecture des mythes dévoile qu'ils portent des figures complexes d'observation dont la science pourrait s'inspirer pour se renouveler, comme Lévi-Strauss le reconnaît à juste titre : « la rigueur et la précision dont témoigne la pensée magique et les pratiques rituelles comme traduisant une appréhension inconsciente de la vérité du déterminisme en tant que mode d'existence des phénomènes scientifiques, de sorte que le déterminisme serait globalement soupçonné et joué, avant d'être connu et respecté » (p.24).

Même si Lévi-Strauss rejette tout ce qu'il y a d'affabulation dans le mythe en faveur d'un certain mode d'organisation du réel, telle la pensée rationnelle, il n'en demeure pas moins que le mythe fait penser. Il est source de renouvellement de la pensée rationnelle en ce sens qu'il est, somme toute, recueillement d'une personnification de pensées abstraites voilées par les images des récits. Aussi, tout mythe est l'expression énigmatique d'un phénomène par un autre. Il y a, donc, en tout mythe une donnée symbolique qui est donation de sens manifeste au mythe sans pour autant dévoiler, voire épuiser ce qu'il recèle de latent, comme le dit si bien Paul Ricœur : « le mythe, ainsi démythologisé au contact de l'histoire scientifique et élevé à la dignité de symbole, est une dimension de la pensée mo-

---

[64] *La Pensée sauvage* (Agora, Presses Pocket, Paris 1962, p.26)

derne »[65]. En ce sens, le discours rationnel ne fait que déployer, distendre, dans son espace analytique, l'essence du mythe qui est nœud, verbe recueilli, vérité voilée.

## 3. Similitudes et différences entre le discours rationnel et la discience dans l'ordre de la connaissance ou de la réalité voilée

Pour mieux comprendre la nature des phénomènes que nous tâchons d'éclairer ici, il convient de s'arrêter un moment sur la prétention des sciences à définir le sujet humain, en soi complexe, comme un quelconque objet de la matière. Définir, c'est généralement une tentation de la science de simplifier ses objets en les figeant au même titre que les symboles mathématiques dont on sait qu'ils ne sont rien d'autres que des êtres imaginaires ou, plus exactement, de libres créations de l'esprit humain. Dès lors, le genre humain, autant dans la personne d'un individu que dans son ensemble, est ce qui échappe par excellence à tout effort visant à le fixer, le figer, voire à l'appréhender sous l'angle d'un objet scientifique. Dans cette perspective, on peut tâcher de proposer une autre approche de perception, entre autres, considérer que ce genre de vivants particuliers pourrait être regardé comme une « holosénergide[66] ». Dans cette notion, on peut voir la combinaison de deux termes : d'une part, le mot énergie dérivant du grec *energeia*, qui signifie « force en action », d'autre part, le terme grec *holos* qui se comprend comme le « tout entier, complet ».

L'holosénergide désignant l'espèce humaine, se conçoit, voire se comprend sous une triple forme ou émergence d'un phénomène voilé en son essence : d'abord, c'est une énergie

---

[65] *Philosophie de la Volonté* (Aubier, Paris 1960, p.12)

[66] Ce concept sera l'objet d'investigations et d'analyse plus approfondies dans un futur prochain.

chimique potentielle que l'on trouve dans toute entité vivante perceptible et non perceptible par la médiation des sens ordinaires ; ensuite, c'est une énergie actuelle à titre de force efficace ; enfin, c'est une énergie en puissance physique inactivée et/ou inactualisée. En d'autres termes, l'être humain approché comme holosénergide est unité ou totalité d'état d'Energie biologique formée d'un quantum de forces en action, comme sa vitalité physique en équilibre tendant vers un optimum de constance dans la conservation de la puissance de la vie. C'est en ce sens que celui-ci, hormis la Nature et/ou la Matière elles-mêmes, est cause libre, originaire de ce que Joël de Rosnay appelle « structures autonomes-organisées dites dissipatives » depuis Prigogine »[67]. En effet, l'holosénergide est capable de faire surgir des chaos autocréateurs, des faits constitués de hasards potentiellement chargés de divers phénomènes créateurs d'ordre sous-jacent. Ce peut être, selon ce même auteur, « l'émergence de nouvelles structures, fonctions, réseaux ou systèmes » (p.134), comme les systèmes cybernétiques. Ce peut être aussi le pouvoir de faire surgir de la terre vivante, cette superbe entité cosmique, des ectoplasmes[68] ou espèces d'esprits, c'est-à-dire des entités vivantes sous le mode de l'invisible, tout entières soumises au bon vouloir de celui-ci.

Une telle approche tient au fait qu'on admet volontiers aujourd'hui comme fondée l'intuition rationnelle des penseurs antérieurs selon laquelle le vivant sur la terre, notamment l'espèce humaine, est un grain de poussière des étoiles. En d'autres termes, la vie sur terre viendrait, du moins en partie, de l'espace, ce que nous appelons le ciel par perception sensible. Soit dit en passant, on comprend

---

[67] *Le Monde s'est-il créé tout seul ?* –Ouvrage collectif- (A. Michel, Paris, 2008)

[68] Bamony Pierre : *Des pouvoirs réels du sorcier africain - Forces surnaturelles et autorités socio- politiques chez les Lyéla du Burkina Faso-* (A paraître chez L'Harmattan, 2008)

[68] *Earth and Planetary* – Sciences Letters (15 juin 2008)

que l'espèce humaine ou holosénergide, dans laquelle le niveau de conscience, dans son genre, est sans doute le plus élevé, ait inventé des notions comme l'âme, Dieu ou les dieux, les entités supraterrestres intermédiaires, tels les anges, les démons etc., pour rappeler ce qui constitue en partie ses origines célestes initiales. En effet, d'après des recherches récentes publiées dans une revue britannique, l'hypothèse selon laquelle la piste d'une contribution des météoriques à l'énergie de la vie sur notre planète n'est pas farfelue ni même à rejeter. Des chercheurs européens et américains ont prouvé que les bases azotées, c'est-à-dire les bas nucléiques des météoriques que l'on trouve dans l'A.D.N des cellules vivantes seraient venues de l'espace et se seraient incrustées sur celles-ci à la suite de leur chute sur la terre. Car « l'analyse montre que ces bases contiennent une forme de carbone lourd qui n'a pu se former dans l'espace » après qu'une équipe internationale de chercheurs a mesuré les teneurs d'isotopes de carbone dans deux cellules trouvées dans les interstices de la météorique de Murchison. Celle-ci est tombée en Australie en 1969.

Ces découvertes confirment le constat que « les conditions atmosphériques sur la Terre primitive (entre 4,4 et 3,8 milliards d'années) n'étaient pas idéales pour la synthèse des bases azotées ». Sans celles-ci, il n'y aurait aucune chance pour que la vie, suivant ses diverses et extraordinaires mutations, qui avait commencé un processus autocréateur à cette époque, fût possible. Dès lors, on peut admettre au moins l'hypothèse que « les premières formes de vie ont pris des bases azotées trouvées sur des fragments de météorites pour les utiliser dans le codage génétique », lequel s'est employé, par duplication et transmission à bâtir les éléments de la vie, brique après brique. C'est ainsi que le codage a permis aux générations futures de vivants de pouvoir hériter de ces caractéristiques. Dans cette perspective, et si l'on s'accorde avec cette hypothèse de travail, notre approche du vivant, en général, et de l'espèce humaine en particulier, comme Holosénergide, est tout à fait acceptable. En prenant pour fondement cette nouvelle approche, on pourrait mieux comprendre le sens de cette enquête dont le but est de montrer qu'on ne peut comprendre le genre humain et ses savoirs qu'à la seule condition de renoncer à disséquer, ordonner, plier, simplifier le complexe imbriqué qui le constitue.

Ainsi, nous pouvons poursuivre la défense et l'illustration de notre thèse, en l'occurrence, le fait que les divers savoirs humains rationnels ou occultes dérivent de la même et unique source : la puissance de notre cerveau. A cet effet, nous avons choisi de confronter le premier rationaliste et scientifique de l'histoire de la pensée occidentale, le philosophe grec Platon, avec l'univers de la discience.

### A. Une autre forme de compréhension de la pensée de Platon à travers ses œuvres

Platon part du principe que la quintessence de la connaissance ne réside nulle part ailleurs que dans le rationalisme. En effet, si le niveau ontologique d'un objet est considéré comme le plus élevé, il entraîne un niveau de connaissance équivalent ; et la valeur de cette connaissance est plus sûre dans la mesure où l'on peut localiser sa source dans la raison même et non dans la perception, voire la représentation sensible. C'est dans sa célèbre « allégorie de la caverne » (*République*, livre VII) que Platon conçoit ainsi l'ordre de la connaissance des phénomènes sensibles et rationnels. Il propose une ligne de démarcation pour rendre plus explicite la théorie de la connaissance. Pour comprendre le sens d'une telle théorie, la contention de l'esprit est nécessaire. Celle-ci saisira le fait qu'à la section la plus élevée correspond l'intelligence (la *noésis*) et à la seconde section, celle qui est juste en dessous, la connaissance discursive (la *dianoia*) ; et tout à fait au bas de l'échelle, on trouve la croyance (la *pistis*) qui est voisine de la dernière, à savoir la conjecture (l'*eikasia*). Néanmoins, Platon insiste sur l'idée que *Noésis* et *dianoia* sont les figures de la connaissance véritable en tant qu'elles sont les seules modalités de savoir les plus éloignées, les plus indépendantes du monde empirique et/ou de l'expérience sensible concrète. Sur le plan de cette échelle supérieure de la connaissance véritable, comme faculté appropriée pour lever le voile sur les phénomènes, la dialectique ou dialogue lui paraît l'une des voies royales qui conduit à cette connaissance.

Dans ce processus, elle devient même le modèle de la démarche de toute science. Cependant, aussi remarquable et rationnelle qu'elle soit, il lui reconnaît des limites dans l'accès au vrai ou à la connaissance véritable. Car la connaissance discursive ou *dianoia,* en tant que pensée rationnelle, est une démarche qui doit nécessairement passer par un processus pour découvrir la vérité. Elle met en branle des outils conceptuels, des médiations. Il n'y a pas de vision ni de lien, voire de rapport immédiat et direct avec les Idées elles-mêmes. Elle doit donc cheminer par une sorte d'ascension, c'est-à-dire par les intermédiaires que sont les hypothèses pour parvenir à sa fin : la découverte (de) ou l'accession à la vérité. Or, toute la difficulté est la suivante : comment savoir que la condition suivant laquelle on est remonté, en procédant d'hypothèse en hypothèse, n'est pas au fond, elle-même, une hypothèse ? Une réponse à cette question n'est pas évidente car il y a un lien de dépendance dans la mesure où tout le reste procède d'elle. Et c'est ce qui fait qu'on ne peut la distinguer d'une autre hypothèse. En ce sens, Platon admet qu'on ne saurait la discerner, la reconnaître comme telle que par une intuition intellectuelle directe ou *noésis*, c'est-à-dire la vision immédiate.

Or, dans la *République*, le *Phèdre,* le *Banquet*, Platon conçoit le terme, c'est-à-dire le summum de la science comme contemplation. L'achèvement de la science est la *noésis*, c'est-à-dire l'intelligence soit le « *Noùs* » intuitif qui, à l'inverse de la dialectique, ne comporte plus de parcours, de temporalité, d'efforts. Elle est vision simple, en plein repos, instantanée. Dans le *Phèdre*, il pousse loin cette théorie du savoir véridique qui est vision pure. En effet, pour accéder aux Essences éternelles, comme l'Idée du Beau, du Bien, il faut auparavant les avoir vues. Car l'acte primordial de l'avoir vu est le fondement ou l'inauguration du savoir absolu. Platon y parle, en effet, de la « plaine des Idées » et/ou de la vérité. La connaissance véritable est donc conçue comme vision, comme contact, comme toucher spirituel. Cette vision spirituelle, dont les yeux de l'âme seule sont capables, est aussi envisagée comme nourriture : l'âme se nourrit des Idées qu'elle avait contemplées lors de sa vie, c'est-à-dire de son expérience préempirique. C'est ce qui fait dire à Victor Goldsmidt que « l'âme ressemble aux formes et leur est apparentée… L'âme ne semble être vraiment elle-même que quand, se détournant du corps et de ses pompes, elle s'élance dans l'acte de la connaissance, vers les Formes. D'autre part, l'âme qui commande naturellement au corps, témoigne, ici encore, de sa parenté avec le divin »[69].

Même si la forme des analyses de Platon sur les niveaux et/ou étapes de la connaissance est absolument rationnelle, il n'en demeure pas moins qu'au fond, le processus du connaître, sur ce point précis la *Noésis,* comme forme du savoir vrai, n'est pas perceptible aux sens ou à la perception du sens commun. Il exige une sorte de foi rationnelle en un phénomène suprasensible de la connaissance. Il n'en demeure pas moins que les modes du

[69] *Les dialogues de Platon : structure et méthode dialectique* (P.U.F., Paris 1947, p.186)

connaître et de la perception supranaturelle tiennent un discours assez semblable. Or, tant que ces derniers échappent à l'expérience ordinaire du commun des hommes, les savants ont tendance à les réduire à l'irrationnel. Pourtant, si l'on consent à ôter les œillères des sciences et leur spécialisation qui donnent une vue partielle des phénomènes humains ou non, on peut soutenir que la science, qui dérive des formes de perception suprasensorielle, c'est-à-dire les éso-sciences, n'est pas dénuée de sens ; et ceci en raison des preuves infinies qui sont propres à ces modalités du connaître. Que dit la discience ou science supranaturelle ? Si l'on accepte d'être attentif à son discours, on s'aperçoit qu'il se fonde sur des réalités humaines, certes, fondamentalement semblables à celles du sens commun, mais appréhendées sous des formes et/ou réalités différentes, lesquelles dépassent ainsi les simples pouvoirs des sens ordinaires ; du moins, si on s'en tient aux phénomènes de la sorcellerie ou discience dans les pays africains subsahariens.

D'abord, la notion de l'invisible est centrale dans les représentations des structures apparentes et des soubassements des réalités sociales. Le sorcier, comme genre d'individu doué de cerveau quantique aux pouvoirs exceptionnels, est celui qui voit sans être vu ; du moins sous sa manifestation sorcellaire. En outre, sa faculté de perception supranaturelle l'incline au mal fondamentalement, par exemple empoisonner, nuire aux projets, aux intérêts, à la personne, à la vie de l'autre ; ou au bien comme soigner les dommages psychiques et physiques causés par l'action mortifère du sorcier maléfique ; ou encore à l'indifférence en tant qu'il est témoin passif du monde antagoniste qui se passe sous ses yeux nyctalopes. A l'inverse, l'unisciant, qui peut être une éventuelle victime du sorcier, est toujours et partout vu sans rien voir du monde nocturne de la discience. En fait, le sorcier, prédateur ou non, qui a hérité de la Nature la vision suprasensorielle a, dans sa propre essence, quelque chose d'innommable qui relève du développement des immenses pouvoirs de l'esprit ou du cerveau humain. Au sujet de cette essence du sorcier, on peut dire qu'elle réalise en elle les principes de l'unicité des phénomènes physiques, paraphysiques, psychologiques et parapsychologiques en vertu des interactions entre le sujet en question et les objets sous leur double dimension.

Ces pouvoirs singuliers du cerveau quantique confèrent au sorcier d'être pleinement subjectivité psychique et pleinement objectivité somatique au sens où il connaît bien - il en use avec excès parfois et tyrannie souvent - la dichotomie psyché/soma pensée par Platon et repris au XVIIe siècle européen par Descartes sous la forme d'âme/corps. Il fait l'expérience de cette dualité irréductible et constitutive de la personne humaine ; ce qui lui permet de vivre les phénomènes de l'existence humaine sous leur double dimension visible/invisible. En effet, le discient ou le sorcier, au sens générique du terme, lors des états de sommeil, fait l'expérience de l'hypnose sous son état de stase. Ce phénomène est fugace ou instable pour l'unisciént

Mieux, s'il le désire ou si les circonstances l'y obligent, même en plein jour, en raison de sa perception extrasensorielle, il est capable d'autohypnose jusqu'à la biostase pour aller accomplir une mission qu'on lui aurait imposée, telle que l'acte de prédation d'une biopsyché de quelqu'un par exemple. C'est en ce sens qu'on peut comprendre les observations suivantes des auteurs de l'*Œdipe Africain* : « le sorcier peut se transformer en animal pour faire peur à sa victime et lui prendre sa force vitale ; il peut aussi durant le jour atteindre un individu par l'intermédiaire de l'ombre que celui-ci projette sur le sol ou par la trace de ses pas, ou simplement par un regard, par un geste qui l'effleure. La victime, dévitalisée, meurt au bout de quelque temps » (p.241) d'une forme de cachexie. En d'autres termes, le sorcier n'est rien d'autre qu'un individu qui a la faculté d'user autrement des pouvoirs du cerveau quantique, sous des modalités spécifiques inventées par et héritées de la Nature.

### B. Discours et découvertes des neurosciences sur les potentialités du cerveau humain

Certes, comme ce genre de phénomènes vitaux relatifs aux potentialités du cerveau humain, essentiellement quantique, sort de l'ordinaire, les sciences, celle du vivant notamment, élaborent à leur sujet tout un ensemble de discours rationnels qui conduit à les classer dans l'ordre des pathologies ; comme si on avait peur ou comme si on ne voulait pas se donner la peine d'étudier de près et autrement cette différence humaine irréductible aux phénomènes de la vie courante. Dans cette perspective, les neurosciences inclineraient à penser qu'il s'agit d'une confusion entre le monde supposé réel, celui de l'expérience sensible et quotidienne, et une espèce de mentalisation externe des phénomènes psychiques. La psychologie-psychanalyse, voire la psychiatrie considèrent ces mêmes faits comme spécifiques aux psychotiques ou de psychotiques potentiels ordinaires. Il en est de même de certaines formes d'autisme.

Arrêtons-nous sur cette dernière catégorie d'individus auxquels les neurosciences s'intéressent de plus en plus en raison des pouvoirs exceptionnels dont leurs cerveaux peuvent faire preuve. Des théoriciens des neurosciences n'hésitent plus à affirmer que les génies de l'humanité comme Newton, Mozart, Einstein, etc. auraient eu des dispositions pathologiques voisines de l'autisme. Mais, depuis l'abandon de la théorie freudienne qui, pendant tout le XX$^{e}$ siècle, avait accusé les mères des enfants autistes d'être directement responsables de leur pathologie, on avoue de plus en plus aujourd'hui qu'on ne sait pas grand-chose de l'autisme. Si son origine n'est plus liée essentiellement à des problèmes de type psychique, il se pourrait bien qu'elle dérive de quelque dysfonctionnement du cerveau de ces personnes singulières. Néanmoins, le trait commun des formes d'autisme tient essentiellement aux problèmes de communication avec le monde extérieur à leur propre univers mental ; ou même avec leur environnement humain immédiat comme leurs parents, leurs frères et leurs sœurs, etc.

Pour ce qui est de leur prodigieuse mémoire, qui explique l'intérêt présent que les neurosciences leur témoignent, on ne sait pas non plus grand-chose. Certes, le Prix Nobel de médecine, l'américain Eric Kandel avance une hypothèse génétique pour tâcher de comprendre la mémoire en général, et le don exceptionnel en particulier, que des autistes ont en partage. Selon lui, il existe deux molécules antagonistes qui moduleraient la régulation de la mémoire à long terme. Il s'agit de la protéine CREB-1 qui faciliterait l'apprentissage à l'inverse de la protéine CREB-2 qui aurait un effet inhibant sur cette faculté. En ce sens, on pourrait alors se demander si chez les autistes doués de mémoire exceptionnelle, il n'y aurait pas une altération génétique de la protéine CREB-2. Puisque, jusqu'à ce jour, on ne peut ouvrir le cerveau d'un être humain vivant pour mieux étudier ce genre de phénomène, les neuroscientifiques eux-mêmes sont en désaccord sur les différentes hypothèses et les interprétations qui expliqueraient réellement la nature de cette donnée, pour illustrer nos analyses, ces désaccords n'empêchent nullement de nous intéresser aux pouvoirs du cerveau quantique, en l'occurrence, à quelques cas d'autistes exceptionnels.

Même si on ignore si Mozart était un genre d'autiste, presque tous les amateurs de la musique classique savent un fait de sa vie. En effet, à l'âge de 14 ans, alors qu'il accompagnait son père à Rome, il écouta le « Miserere » d'Allegri à la Chapelle Sixtine. Cette œuvre sacrée y était jouée une fois par an, c'est-à-dire à la fête de Pâques. Or, sa partition était gardée comme un secret d'Etat au point que sa divulgation pouvait entraîner l'excommunication. Mais le jeune Mozart réussit à la retranscrire intégralement. De nos jours, on s'intéresse au cas d'un peintre britannique, Stephen Wiltshire, qui est autiste. A l'âge de trois ans, il perdit son père et l'usage de la parole. Les médecins s'empressèrent de lui coller l'étiquette d'autiste en raison de ses difficultés à s'exprimer et à communiquer avec autrui. Son don fabuleux de mémoire en serait-il la (ou l'une) des conséquences ? Toujours est-il que très tôt, il se mit au dessin. D'abord, il portait son attention sur les voitures avec un sens parfait de la perspective ; puis les bâtiments[70]. Quelques instants d'observation d'un immeuble lui suffisent pour le reproduire exactement suivant la perspective du réel, c'est-à-dire de l'échelle dans l'espace et dans les moindres détails. Il en est de même d'une rue dans laquelle il lui suffit de passer une seule fois pour la dessiner avec exactitude et précision.

En raison de cette mémoire visuelle exceptionnelle, Stephen Wiltshire fut conduit à Rome pour une expérience à une échelle plus grande. En effet, on lui fit survoler la ville éternelle en hélicoptère pendant 45 minutes. Au retour, il se mit au travail et dessina sur une feuille de papier de cinq mètres de long, Rome suivant des perspectives remarquables. Il reproduisit les moindres ruelles en indiquant le nombre de fenêtres sur chaque bâtiment, les angles formés par les rues, les réverbères, les arbres sont dessinés à leur place avec justesse et précision. Pour venir à bout de cette œuvre, il lui a fallu seulement trois jours. Déjà, dès l'âge de onze ans, il s'était amusé à reproduire la vue aérienne de Londres, comme si sa mémoire photographiait tout dans les moindres détails. Il dessinera aussi la ville de Tokyo.

---

[70] Il fait montre en même temps de dons exceptionnels en musique.

Ce qui étonne le commun des hommes chez ces autistes exceptionnels, notamment ceux qui sont regardés comme atteints du syndrome d'Asperger, c'est donc leur hypermnésie. En effet, on se souvient du film « Rain man ». Dustin Hoffmann s'inspire du cas de l'Américain Kim Peek pour composer et jouer son personnage. Né en 1951, on décèle chez cet homme des malformations cérébrales. Son cerveau est privé de corps calleux qui établit les connexions entre les deux hémisphères du cerveau ; ce qui donne l'impression qu'il aurait deux cerveaux indépendants. Sans pouvoir établir un lien direct entre ces anomalies et ses pouvoirs exceptionnels de mémoire, Kim Peek est capable de lire deux livres en même temps et en quelques minutes, l'un de l'œil gauche, l'autre de l'œil droit ; voire de se souvenir de leurs moindres détails plusieurs années plus tard. Il sait par cœur, entre autres, tous les codes postaux des villes américaines. Mieux encore, il est capable de se rappeler le contenu exact de plus de 12000 livres. Dans le film « Rain Man », il pouvait apprendre le bottin par cœur, calculer les racines carrées et même faire sauter la banque au Casino en vertu de son aptitude à mémoriser toutes les cartes qu'il voit passer.

Un autre autiste anglais, Daniel Tammet, a développé lui aussi une autre ingénieuse faculté de mémoire. Selon « Le Point » (n°1812 du 7/6/2007), Daniel Tammet dut faire une expérience exceptionnelle dans la salle du Musée de l'Histoire des sciences à Oxford devant un public composé d'un grand nombre de scientifiques du monde, de curieux, d'amateurs, etc. De mémoire, il devait énumérer plus de 22500 chiffres. En quelque cinq heures et neuf minutes, il put dépasser le chiffre en question en récitant 22514 décimales du nombre pi sans erreurs. D'après Sophie Coignard, l'auteur de cet article, Daniel Tammet a appris dix langues étrangères « l'anglais, le finnois, le lituanien, l'espagnol, le français, l'allemand, l'islandais, le roumain, le gallois et l'espéranto ». Mieux encore, il a réussi à créer sa propre langue, le « mänti » inspiré du finnois ; et ceci dès l'âge de 10 ans. Par exemple, il a appris l'islandais en 7 jours au hasard des conversations avec les gens. « Comme d'autres autistes atteints du syndrome savant, il peut nous dire aussi quel jour de la semaine vous êtes né en une fraction de seconde. N'importe quelle date est pour lui reliée à un jour de la semaine, que ce soit la naissance de la reine Victoria ou le Noël de l'année 2040. Cela s'appelle le calcul calendaire. Daniel Tammet est excellent dans cette discipline et dans beaucoup d'autres », écrit l'auteur de cet article. Aujourd'hui, il propose une méthode facile d'apprentissage des langues.

Dans le genre d'hypermnésiques, citons aussi le cas d'Alexis Lemaire qui peut calculer mentalement la racine treizième d'un nombre de 200 chiffres en 70,2 secondes[71]. Il est en concurrence, sur ce point, avec l'allemand Gert Mittring qui lui vole la vedette en 2004 du calcul de la racine treizième d'un nombre de 100 chiffres. Alexis Lemaire a vite fait de lui reprendre le record exceptionnel avec le calcul de 200 chiffres. Il peut même mémoriser des volumes entiers comme le Coran ou la Bible.

---

[71] A propos de ces pouvoirs du cerveau humain, il y a quelques années, dans un article de la revue « Anthropos », nous avions montré comment les lamas tibétains sont capables de jouer avec les niveaux de leur conscience. En effet, lors d'une expérience effectuée à l'Université Paris VII par des scientifiques, on découvre qu'il existe en nous quelque chose qui s'apparente à ce qu'on peut appeler l'âme. C'est, du moins, ce que dévoile l'article de Jean Staune dans un entretien avec P.Van Eersel. Le neurologue Jean François « a réussi à prendre les électroencéphalogrammes de lamas tibétains en train de méditer. Pendant la méditation, on envoie des flashes lumineux dans les yeux de ceux-ci ce qui, en principe, se solde par un tracé particulier dans le cerveau, dit potentiel évoqué réflexe (p.e.r.). Là, non : la concentration des méditants est telle qu'ils effacent les p.e.r. de leurs tracés. D'après la loi française (loi Cavaillet), cela signifie qu'ils sont en état de mort clinique » (*in* Bamony Pierre : « Science et anthropologie. De la notion de l'âme en général et de sa conception singulière chez les Lyéla du Burkina Faso », Anthropos, 95-2000)

Ce faisant, dès lors que les phénomènes singuliers ou complexes en soi échappent toujours à l'intelligence ratiocinante, l'attitude la plus aisée à adopter consiste à démontrer le caractère surprenant d'un phénomène en le réduisant à sa dimension banale. Mieux, on le rattache à une composante connue du psychisme humain ou des faits ordinaires : on situe l'étrange dans le cadre de l'interprétation de la science officielle et, ainsi, on le capture, on réussit à lui enlever sa différence singulière. Un fait étrange, quelle que soit sa figure, ne peut demeurer surnaturel si on le rationalise, c'est-à-dire si on le pense suivant les codes de la raison ratiocinante. Il advient même que la psychanalyse repense ce genre de fait humain dit paranormal en mélangeant volontairement la transe et l'inconscient. Or, la vision rationnelle de ces fameux phénomènes que nous proposons s'éclaire et se vérifie en reconnaissant qu'ils sont des manifestations, des productions du cerveau quantique dont certains individus ont le privilège d'êtres dotés. Dès lors, on ne peut plus les considérer ni comme mystérieux ou étranges, ni même comme pathologiques. Il faut désormais les libérer de ce piège où la raison savante les a enfermés et les enferme encore pour avoir toujours raison d'eux. Ils sont seulement extraordinaires pour des cerveaux ordinaires, normaux. Telles sont aussi les prouesses et les manifestations des discients dans le monde entier.

Puisque la science cherche, de nos jours, à comprendre la singularité de certains autistes exceptionnels, arrêtons-nous un moment sur cette dernière catégorie d'individus auxquels les neurosciences s'intéressent de plus en plus en raison des pouvoirs exceptionnels dont leurs cerveaux peuvent faire preuve.

En effet, à l'instar de ces autistes exceptionnels, il existe parmi nous des individus supra doués de perception extrasensible, par la mise en valeur de potentialités de notre cerveau qui ont été anémiées, en raison de la force du vivre et de la nécessité de l'adaptation de nos ancêtres à leur environnement. Ceux-ci ont la faculté de percevoir ce qui va se passer dans l'avenir immédiat ou non, comme si la limite ordinaire entre le moi et le non-moi, entre les perceptions intra et extraréelles s'estompaient. Dans le contexte des cultures et civilisations des pays africains subsahariens, tout comme dans celui de certains dialogues de Platon (*Phédon*), la pensée de ces phénomènes singuliers de la vie revient à admettre que le corps n'est rien d'autre qu'une sorte de filtre opaque pour l'âme. C'est ce qui empêche celle-ci d'avoir accès à ce qui ne se voit pas par les sens ordinaires ; du moins chez les uniscients. Or, ce qui est invisible est plus important que ce qui se rend visible, à l'image de l'inconscient que la psychanalyse compare à un iceberg dont la partie émergée est insignifiante par rapport à celle qui est immergée. Ainsi, même si l'âme humaine est liée au corps, chez les discients, elle a toutes les ressources nécessaires pour s'en délester. C'est ce qui explique aussi qu'ils peuvent envoyer, par projection psychique, leur âme/conscience disciente indifféremment dans un corps de vautour, de souris, de panthère, de chat, de serpent ou de toute autre bête vivante. Ils la téléguident ainsi pour aller tuer quelqu'un.

Par ailleurs, Platon admettait (*Phédon, Phèdre, Ménon*) que chacun des êtres humains était en mesure de libérer son âme de la tutelle du corps, c'est-à-dire des prismes déformants de cette dangereuse mixité corps/esprit, par l'exercice des pouvoirs de la raison ; pour autant, du moins, que l'on sache que l'âme a préexisté avant sa chute dans un corps et que l'éveil à elle-même, qui est le droit chemin du savoir inhérent, est ce qui conduit à la double théorie ou vision de toute la science. Car savoir n'est rien d'autre que se ressouvenir des visions préempiriques. De même, chez les peuples africains subsahariens en général, et chez les Lyéla du Burkina Faso en particulier, on pense que beaucoup d'enfants sont doués de deux paires d'yeux pour percevoir la réalité des phénomènes humains sous sa double réalité, sensible et extrasensorielle. Mais ces yeux ne sont pas forcément fonctionnels ou efficients chez tout le monde. Les Lyéla croient que la double vue est seulement latente chez la plupart des êtres humains. La preuve consiste en ceci : lorsqu'un enfant naît avec les quatre yeux ouverts et que la deuxième paire d'yeux, celle de la perception extrasensorielle, est susceptible de développer en son âme une efficience maligne et/ou mortifère, les parents discients de cet enfant, pour autant que ceux-ci ne soient pas enclins au mal, vont s'employer à fermer cette deuxième paire d'yeux par des cérémonies ou procédés adaptés. On entend ainsi faire comprendre que la connaissance du monde réel, celui de la perception extra sensorielle, doit être guidée. Autrement, elle pourrait s'avérer nuisible à la paix de la communauté familiale. En revanche, chez Platon, la vision de l'âme est plutôt libératrice : elle nous libère de la croyance aisée du monde apparent institué par les sens et auquel nous sommes accoutumés. Nous y sommes installés, nous croyons en ce monde manufacturé par nos sens myopes comme si c'était la seule réalité possible, concevable, acceptable.

# CHAPITRE III

## Science et discience

### 1. Antériorité du connaître ésotérique et/ou sorcellerie dans l'exploration de l'essence humaine

Les philosophes, notamment grecs, et la science contemporaine, en particulier l'astrophysique, la biologie ou les sciences neurologiques, ont posé, de façon évidente, le dilemme de l'être humain dans sa volonté du connaître, sous ses diverses figures : l'être humain est un agent qui est en mesure de déterminer la table de ses valeurs sans pour autant pouvoir se déterminer soi-même. On comprend qu'il veuille compenser cette impuissance à s'autodéterminer lui-même par la pensée de l'au-delà de lui-même. Eu égard à ce constat, il résulte que le problème, voire l'enjeu de la connaissance apparaît comme un inachèvement éternel et insoluble. Car on constate qu'il n'existe pas de théorie qui serait en mesure de rendre compte de l'être humain en soi-même et de son milieu de vie sans contradiction ; et ceci reste valable et vrai quel que soit notre présupposé initial. On comprend aussi qu'à chaque époque de ce qu'on a convenu d'appeler le progrès des sciences, émergent des êtres d'exception dont la profondeur et la clarté d'intuition rationnelle proposent des perceptions différentes d'intelligibilité des phénomènes naturels ou humains. Mais, comme ils font preuve de singularité dans leur vision des choses, ils ne sont pas entendus ni crus.

L'un des exemples les plus remarquables de la science moderne sur ce point est, sans conteste, Alfred Wegener, physicien météorologue. Outre cette formation initiale, à l'instar des grands esprits européens du passé, A.Wegener avait d'amples connaissances en astronomie, en géologie, voire en géophysique. C'est grâce à cette dernière science qu'il va proposer une hypothèse audacieuse sur la structure unitaire initiale des terres émergées et/ou continents. En effet, suite à des observations sur la complémentarité des lignes côtières entre l'Amérique du Sud et l'Afrique, d'une part, et de l'autre, entre l'Europe et l'Afrique, il en vient à formuler l'hypothèse sur la dérive des continents. En d'autres termes, initialement, il y a 2 milliards d'années, ces grands ensembles formaient deux morceaux d'un même gigantesque bloc soudé : c'est le mégacontinent ou la Pangée. Toutefois, ce savant fut incompris en son temps, soit au début du XX$^{e}$ siècle, et son hypothèse rejetée par la raison constituée de la science. Or, ses observations semblaient justifiées. Dans le puzzle des continents qui s'emboîtent les uns dans les autres, il y a non seulement une cohérence entre les côtes, mais en outre, A.Wegener avait remarqué une concordance entre les structures géologiques à l'intérieur des continents, par exemple celles qui existent entre l'Afrique et l'Amérique du Sud. Il en est de même de la correspondance des structures géologiques entre l'Amérique du Nord et de l'Europe. Mieux encore, on retrouve de nos jours, de part et d'autre de l'Atlantique, sur les continents, des fossiles de plantes, d'animaux terrestres datant d'environ 240 à 260 millions d'années. D'où la question suivante : s'il en était autrement, comment des organismes terrestres, qui n'ont pas la capacité, de par leurs structures biologiques, de traverser ce vaste océan qu'est l'Atlantique, ont-ils pu coloniser des espaces continentaux si éloignés les uns des autres ?

Bien que l'hypothèse d'Alfred Wegener ait été étayée par des observations solides et pertinentes pour son époque, ses contemporains et pairs rejetèrent tous ses travaux comme farfelus[72]. Il a fallu attendre plus de cinquante ans pour redécouvrir les idées, voire les travaux scientifiques de cet homme. Certes, on reprochait à la théorie d'Alfred Wegener l'absence d'un mécanisme, tel un modèle mathématique par exemple, susceptible d'expliquer, d'étayer son hypothèse et ses travaux sur la dérive des continents. Mais, était-ce une raison suffisante pour étouffer dans l'œuf l'éclat de la lumière de ce génie en son genre ? Cela tient au fait que chaque chercheur, enfermé dans la logique de la raison constituée de la science - ce sont plutôt des œillères illogiques de la raison - tient sa propre spécialité pour la plus compétente ou la seule compétente dans la compréhension véritable des enjeux de la géophysique.

Pourtant, devant cette immense tâche, Wegener n'avait aucune certitude de la validité de son hypothèse. Il doutait lui-même du fondement de celle-ci, de sa solidité comme

[72] Sur l'aveuglement et le dogmatisme dont certains scientifiques que nous avons tendance à qualifier de scientistes dogmatiques, tout comme, d'ailleurs, auparavant, des philosophes dogmatiques pouvaient en faire également preuve, il n'est pas excessif de dire que de telles positions ont alors grandement nuit au progrès de la meilleure intelligence des phénomènes dans les domaines des sciences. A l'inverse de ces positions antiscientifiques, nous souscrivons entièrement aux remarques suivantes de Joël de Rosnay relativement à son champ d'investigations, en l'occurrence, les sciences du vivant : « je pense que les grands scientifiques sont ceux qui sont ouverts dans toute une série de domaines, pour lesquels les modèles qu'ils ont décrits sont des modèles de départ et non d'arrivée […] Il faut éviter le réductionnisme qui cherche à ramener la complexité à des mécanismes moléculaires […] Le concept d'« incomplétude » me convient ». (*Le monde s'est-il créé tout seul ?* –A. Michel Paris 2008, p.146).

il le remarque à juste titre : « la première idée des translations continentales me vint à l'esprit en 1910. En considérant la carte du globe, je fus subitement frappé de la concordance des côtes de l'Atlantique, mais je ne m'y arrêtai point tout d'abord, parce que j'estimais de pareilles translations invraisemblables. En automne 1911, j'eus connaissance (...) de conclusions paléontologiques admettant l'existence d'une liaison ancienne entre le Brésil et l'Afrique. Cela m'engagea à faire un examen préalable et sommaire des résultats connexes au problème des translations [...]. Tout se passe comme si nous devions rassembler les morceaux déchirés d'un journal sur la seule base de leurs contours pour vérifier ensuite seulement que les lignes imprimées se raccordent correctement. Si tel est bien le cas, il ne me reste plus qu'à conclure que les morceaux étaient en effet disposés ainsi. Quand bien même nous ne disposerions que d'une seule ligne pour procéder à cette vérification, nous aurions une probabilité très grande de tomber juste ; mais en présence de n lignes, cette probabilité est élevée à la nième puissance »[73].

Ce qui nous intéresse dans la théorie de la Pangée d'Alfred Wegener, c'est que lui-même et, à sa suite, les géophysiciens, les géologues, les paléontologues, les zoogéographes, les paléo-climatologues contemporains placent tous, dans la reconstitution de la Pangée, le continent africain au centre du monde et/ou des terres émergées. Une recomposition de la position initiale des continents milite en faveur de l'idée que la vie animale aurait commencé son aventure terrestre sur ce continent. Selon Joël de Rosnay il ne s'agirait pas seulement de la vie de l'espèce humaine, mais de la vie en général, en raison de conditions initiales favorisant son émergence et son développement. Selon lui, « Les fossiles les plus anciens que

[73] Alfred Wegener : *La genèse des continents et océans* (Bourgois, Paris 1990)

l'on connaisse jusqu'à présent sont des algues et des bactéries retrouvées dans des couches âgées de plus de deux milliards d'années. Certaines estimations auraient permis de dater des bactéries trouvées dans les roches de l'Afrique du Sud, à près de trois milliards d'années »[74].

Si on admet l'hypothèse que la vie a germé et pris forme, après « la soupe primitive »[75] dans les eaux océanes - ce sur quoi tout le monde s'accorde aujourd'hui, quelle que soit la discipline scientifique considérée - sur le continent africain, zone centrale de la Pangée, il devient évident que tout y a été rendu possible : la diversité des êtres et des formes de vie visibles sur terre et sous les eaux ; celles des entités invisibles qui nous côtoient au quotidien, non perceptibles par les sens ordinaires, parce qu'elles vivent sous des modalités différentes de la nôtre. C'est sans doute l'une des raisons qui explique que le genre humain qui en dérive aussi par ses origines, suite à l'acquisition de la conscience, malgré le formatage de son cerveau pour s'adapter aux conditions de survie dans un environnement hostile, phénomène qui s'accompagne de l'inactivation des autres facultés, se soit employé à développer des pans entiers de savoirs ésotériques.

La finalité de cet état de choses est double : d'abord, en raison de la terreur que les mondes visibles et invisibles, avec leurs vivants propres causaient à sa frêle conscience naissante, nécessitait de trouver des modalités spécifiques, comme les savoirs empiriques et connaissances ésotériques, pour apprivoiser, autant que faire se peut, ce fourmillement hostile. Une nature providentielle riche d'infinies variétés d'êtres vivants, et la prise de conscience de l'efficience inhérente à chaque être, tels les minéraux, les

---

[74] *Les origines de la vie – de l'atome à la cellule (*Seuil, Paris 1966, p.91)

[75] Jacques Monod : *Le hasard et la nécessité*, (Seuils/Points Science, Paris 1970)

végétaux, les animaux, lui facilitèrent l'accès à ces univers vertigineux. Les multiples usages auxquels ces savoirs donnaient lieu ont dû produire en lui la dualisation de son être à la fois comme corps complexe et comme psyché imperceptible mais qui a des potentialités, voire des puissances multiples et variées. Ensuite, sur ce dernier point, tous les peuples, sans exception, ont hérité de cette dualité des savoirs primordiaux. Même si, comme nous l'avons amplement démontré, l'usage de la discience, entre autres facultés du cerveau quantique, est universel, il n'en demeure pas moins que l'emploi des forces de la psyché, comme la sorcellerie, magie, etc., ont toujours conféré aux peuples africains une réputation incontestable. Ainsi, depuis la plus haute antiquité, à l'époque où l'Egypte et la Mésopotamie (- 4000 ans à + 500 ans pour l'Egypte) étaient les foyers de civilisations mondiales, les sorciers et magiciens égyptiens jouissaient d'une immense renommée à titre de maîtres de la magie et de la sorcellerie, c'est-à-dire les diverses formes de l'ésoscience. André Bernand l'a montré à juste titre : ces derniers étaient connus dans tout le pourtour méditerranéen. Les pouvoirs temporels n'hésitaient pas non plus à solliciter leurs services et leurs sciences de maîtres des phénomènes visibles/invisibles pour créer des troubles météorologiques. Tel est l'exemple du philosophe stoïcien Marc-Aurèle, qui aurait eu recours aux pouvoirs magiques d'un maître égyptien pour provoquer des pluies torrentielles dans les rangs de ses ennemis et, ainsi, triompher d'eux plus aisément en les mettant en déroute. Ces maîtres de l'ésoscience s'en servaient également pour éliminer des rivaux dans le jeu de la conquête du pouvoir, voire pour soigner des pathologies empiriquement inexplicables.

Sur ce point, Karl Gustav Jung donne un exemple de la pathologie d'une femme qui figurait parmi les membres de son équipe d'accompagnateurs « indigènes » ; ce qu'il a lui-même vécu, lors d'un voyage en Afrique au début du

XXe siècle. Cet exemple met en scène les bornes de l'explication médico-scientifique et, inversement, l'approche, voire l'efficience de la lecture et de la pratique ésotérique, en l'occurrence, le domaine des forces de la psyché et de la perception suprasensible. Ce qu'on peut retenir de cet exemple, c'est la reconnaissance explicite par ce savant des limites de l'interprétation de la médecine occidentale de ce phénomène et du triomphe de l'approche de la médecine traditionnelle et/ou des religions naturelles locales. En note de bas de page de l'*Energétique psychique*, il rapporte le fait suivant : « En 1925-1926, je prenais part à une expédition au Mont Elgon. Une de nos porteuses d'eau tomba malade. C'était une jeune femme demeurant dans un Kraal voisin. Il s'agissait, selon toute apparence, d'un avortement septique avec très forte fièvre. Notre équipement sommaire ne permettait pas de la soigner. La famille fit immédiatement venir un « nganga », un « medicine man ». Celui-ci marcha en cercles de plus en plus larges autour de la hutte en flairant les alentours. Tout à coup, il s'arrêta sur un sentier qui descendait de la montagne et déclara que la malade était la fille unique de parents qui étaient morts bien trop jeunes, et qui se tenaient en haut dans la forêt de bambous d'où ils descendaient chaque nuit pour rendre leur fille malade afin qu'elle meure et vienne leur tenir compagnie. On construisit aussitôt sur ce sentier un « piège à esprits » en forme de hutte en miniature ; on fit une petite statue de glaise comme simulacre de la malade que l'on plaça dans la petite hutte avec du « posho » (nourriture). La nuit, les esprits y entrèrent parce qu'ils pensaient être auprès de leur fille. A notre extrême étonnement, la malade guérit en l'espace de deux jours. Notre diagnostic était-il faux ? L'énigme n'est pas résolue. » (p.p.230-231)

En ce sens, la science ésotérique - au sens générique du terme : selon *Le Robert*, ésotérique « se dit de connaissances qui se transmettent par tradition orale à des adeptes initiés… » - est à la fois première et parallèle aux modes de connaissances dits technico-rationnels. Cette antériorité apparaît, selon les auteurs de *Coran et Talismans* comme un don de Dieu. Pour autant que l'on admette l'hypothèse que celui-ci est l'auteur de toutes choses, il est aussi agent initial de la pratique magique. Car le sorcier ou encore le magicien ne peut absolument pas obtenir quelque succès dans son art si Dieu ne lui en conférait et la connaissance et l'efficience. Dans l'un des chapitres de ce magnifique et pertinent ouvrage collectif, à savoir « la magie vue par un exégète du Coran – Le commentaire du verset de Hârût et Mârût (S2V102) par Al-Qurtubî (XII^e s) » écrit par Francesco Zappa, on admet que la magie est un fait incontestable : « Les hommes les plus intelligents n'ont jamais eu le moindre doute relativement à l'existence de la magie : ils ont remarqué les effets qu'elle produit et que nous avons indiqués ». Mieux, selon les commentaires des exégètes du Coran, l'efficacité réelle de la magie repose sur la cause première à la fois des phénomènes surnaturels et des faits naturels. Cette cause première dont le magicien n'est que la cause seconde par ses connaissances et ses rites, c'est-à-dire sa mise en mouvement des événements renvoie à Dieu lui-même qui, en tant qu'Omniscient et Omnipotent, est capable de créer tout ce qu'il veut. C'est en ce sens que ces exégètes font observer qu'« il est indéniable […] que par l'action du magicien se produisent des événements extraordinaires (« Kharqal-âdât), [...] au sujet desquels il est prouvé qu'ils ne peuvent pas faire partie des pouvoirs des êtres humains […]. Néanmoins, ce n'est pas la magie qui provoque toutes ces choses, elle n'est ni la cause ni la motivation qui les produit, et le magicien ne fait pas cela tout seul (mustaqill). C'est plutôt Dieu –qu'il soit exalté - qui les crée et les fait exister en concomitance avec l'existence de la magie (inda wryûd as-sihr) exactement comme il crée la satiété en concomitance avec l'action de manger ».[76]

Les usages pratiques et savoirs ésotériques, tels que la sorcellerie, la magie, que l'on trouve répandus chez les peuples africains subsahariens reposent sur un principe semblable. L'intermédiaire humain de ces actions dites surnaturelles pense qu'il ne peut arriver à aucun résultat, à aucune efficience dans ses pratiques si les entités suprasensibles dont il invoque le secours ne lui accordaient le pouvoir et l'efficacité réels et au-delà de celles-ci, Dieu lui-même. Dès lors, les rituels, les cérémonies, les incantations ne sont qu'une apparence de la dimension visible des forces mises en mouvement dans un but précis. C'est en ce sens qu'Albert de Surgey, l'un des plus grands spécialistes contemporains des religions naturelles de l'Afrique subsaharienne, écrit justement : « tout compte fait, nous voyons qu'un être immergé au sein du monde objectif ne parvient à s'attribuer des forces du monde immédiatement supérieur qu'à condition de fusionner sacrificiellement avec l'empreinte secrètement conservée par un objet des forces du même type ayant dû être employées pour engendrer celui-ci ou en engendrer les constituants. A cette fin, il se concentre sur ce que nous pouvons appeler l'intériorité ou les priorités occultes de l'objet. Ces propriétés sont attribuables à une puissance de mise en rapport des sources transcendantes de l'action avec le champ d'action. La force employée pour agir n'aboutit pas seulement à des modifications de formes dans le champ d'action. Elle change aussi quelque chose à la substance même de ce champ. Invisiblement elle y remanie l'ordre naturel de succession des microévénements aléatoires et opère ce remaniement d'une certaine manière en y laissant la marque d'un certain sceau. Il existe une multitude de fa-

[76] (Sous la direction de Constant Hamès) *Coran et talismans – Textes et pratiques en milieu musulman* (Karthala, Paris 2007, p.63)

çons de faire varier le hasard, mais rien ne s'oppose à ce qu'elles soient regroupées par familles, auxquelles correspondent des atmosphères spirituelles, favorisant l'apparition des phénomènes diversement harmonieux ou dissonants »[77].

On ne comprendra jamais l'être humain, comme cet auteur le souligne ici, si on ne s'avise pas de concevoir que cet être, avant d'être une indivisible totalité, est essentiellement un champ de forces qui est lui-même en lien étroit avec d'autres champs de forces voisins ou lointains. Il suffit de connaître son passé pour saisir comment il a été amené à intégrer dans son être des forces complexes, la puissance des phénomènes visibles qui sont susceptibles de l'acheminer vers les réalités invisibles. Il suffit aussi d'ouvrir les yeux pour prendre conscience du fait que la transcendance des puissances spirituelles physiques ou psychiques n'est pas, en réalité, tant éloignée de l'immanence de son champ. Car ce qui est ainsi conçu, analysé, perçu, pensé comme inaccessible par son élévation, eu égard à la modestie de l'être de l'homme, n'est que projection, représentation, voire ratiocination.

Dès lors, les pratiques sorcellaires ou ésotériques participent elles-mêmes de cette évidence des phénomènes qu'on a tendance à occulter : tout fait, être humain ou objet, est toujours et constamment traversé par des forces sous leur double dimension soit la figure d'usage matérialiste, comme la raison technico-scientifique, soit sous la forme d'usage ésotérique, selon qu'on se place sous l'un ou l'autre angle des diverses potentialités et versants des pouvoirs du cerveau humain. La parole figure parmi les pouvoirs du cerveau que l'on peut diversement utiliser pour mettre en branle les mêmes énergies qui constituent

---

[77] *La voix des fétiches – Essai sur le fondement et la perspective mystique des pratiques des féticheurs* (L'Harmattan, coll. « Connaissances des hommes », Paris 1995, p.p.138-139)

l'essence des faits concrets et psychiques ou invisibles. Ainsi, selon Jeanne Favret-Saada, il est incontestable que la parole joue un rôle majeur dans les cérémonies ésotériques pratiquées par les sorciers français dont elle a étudié les méthodes dans le bocage normand pendant des années. La collecte des objets qui concourent aux rituels d'envoûtement n'a d'efficacité que pour autant que la parole incantatoire qui est, en dernier ressort, la puissance essentielle qui active, réveille de l'intérieur l'énergie visible ou invisible des objets. C'est en ce sens qu'elle fait remarquer que « les sorciers sont supposés pratiquer des rituels précis d'envoûtement : arracher une touffe de poils de la vache à tarir et à prononcer dessus une incantation, enterrer un crapaud charmé sous le seuil de la maison ou de l'étable, piquer des clous d'acier charmés dans les murs, etc. »[78].

Chez les peuples de l'Afrique subsaharienne, il est établi qu'un sorcier est capable de porter atteinte à l'intégrité physique et mentale de sa victime potentielle, s'il dispose d'un objet qui a appartenu à celle-ci. Comme dans toute communauté humaine où il y a une omniprésence du regard des uns sur les autres, et même de la vigilance des individus les uns par rapport aux autres, une telle forme de coexistence finit par engendrer diverses intentions malignes, voire mortifères. Sachant que l'on peut être exposé à la prédation nuisible de l'autre, chaque individu prend soin de ses effets personnels, notamment de tout ce qui a rapport à sa propre vie, comme les résidus émanant de sa personne. Il s'agit, entre autres effets, de ses vêtements, des rognures d'ongles, des cheveux, du sang, de la poussière foulée avec les pieds nus, des morceaux de la peau morte, de la salive, des selles, des vomissures, des menstrues, du sperme, etc. Ainsi, dans le cadre des familles

[78] *Les mots, la mort, les sorts* (Gallimard, coll. « Folio-Essais », Paris 1977 p.229)

polygynes, si les empoisonnements de leurs membres, qui sont sujets de jalousie de la part de quelques personnes malignes, sont fréquents et aisés, cela vient essentiellement du fait que l'on peut facilement avoir accès aux effets personnels, tels que les vêtements et les résidus du corps, des uns et des autres.

Par exemple, si la première épouse d'un polygyne est ostensiblement négligée par son époux en faveur de femmes plus jeunes, et si celle-ci est douée de la puissance sorcellaire malfaisante, elle peut se venger de lui. Il lui suffit de voler l'un de ses caleçons pour le rendre définitivement impuissant. Soit elle use, à cette fin, de ses propres pouvoirs ensorcelants, soit elle passe par l'intermédiaire d'un prêtre théurgique qui disposerait de puissance ad hoc. Point n'est besoin de la mise en branle d'une technologie sophistiquée, ni d'années d'études pour arriver à ses fins : celles de réduire à l'impuissance sexuelle un mari. Une telle sorcière, qui se venge ainsi de son époux et punit du même coup ses jeunes rivales - elle les prive du plaisir sexuel procuré par le mari devenu désormais indifférent par rapport à leur personne – peut utiliser directement les pouvoirs de son propre cerveau quantique sous la figure des potentialités et infinies possibilités de la perception suprasensible qu'il lui permet. Autrement, elle peut être aidée par l'efficience des plantes dont les prêtres théurgiques ont le secret. Quand elle parvient à son but, l'impuissance sexuelle ainsi provoquée est sans rémission et sans remède ; à moins que les auteurs de cet acte ésotérique n'en suggèrent l'antidote ou ne détruisent ses effets. Il suffit, pour cela, de déconstruire le rituel et le piège qui sont la cause directe de cette impuissance sexuelle.

De même, on rend une femme stérile par des procédés ésotériques semblables, si on réussit à voler sa culotte au moment de ses règles. Les poils du pubis génèrent aussi de tels effets. On peut utiliser les cheveux d'un individu pour le rendre dément. La poussière sous le pied, les rognures des doigts ou des orteils permettent d'empoisonner quelqu'un en lui infligeant, dans son corps et dans son âme, des pathologies à vie. Même si la médecine naturelle, celle des tradi-praticiens, peut soigner, voire guérir beaucoup d'infections de ce genre, c'est-à-dire les effets variés d'empoisonnements, il n'en demeure pas moins qu'elle reconnaît son impuissance à soulager, à guérir certains maux provenant d'empoisonnements par sorcellerie. En effet, on dit que la coquille d'un œuf cassé ne peut être exactement reconstituée. Il en est de même de la cicatrice d'une blessure sur la peau. Dès lors, on comprend l'effroi des Ambas, une population du Congo, qui éprouvent une telle terreur par rapport aux dégâts que les sorciers peuvent provoquer soit dans une communauté familiale, soit dans l'intégrité d'une personne ; d'autant plus que les dommages engendrés dans l'intégrité de la personne, en tant que corps/esprit, sont irréversibles. S'appuyant sur les travaux relatifs aux sortilèges chez les peuples de l'Afrique de l'Est, de l'anthropologue E.H.Winter, Ryszard Kapuscinski observe ceci à propos des Ambas. Le « sorcier peut en effet me faire mourir à petit feu. Ne serait-ce qu'en semant des cailloux, de petites feuilles, des plumes, des bouts de bois, des mouches mortes, des poils de singe ou des peaux de mangues sur des sentiers que j'emprunte. Il me suffira de les fouler pour tomber malade ou mourir aussitôt... L'homme a peur de sortir de sa case, car sur le seuil il peut tomber sur un morceau d'écorce de baobab ou une épine d'acacia empoisonnée »[79].

Pour éviter de tels écueils sociaux et permettre aux particuliers de vivre normalement sans être paralysés par un tel effroi des sorciers malfaisants, les Nupe du Nigeria, étudiés par S.F.Nadel, ont trouvé la parade. En effet, sorciers et sorcières savent d'emblée l'étendue et les limites

---

[79] *Ebène – Aventures africaines.* (Traduit du polonais par Véronique Patte. Plon, coll. « Feux croisés », Paris 2000)

de leurs pouvoirs intrinsèques. Comme le pouvoir politique a compris, pour la paix sociale, la nécessité d'incorporer dans les instances royales de vigilance l'un des membres de l'organisation des sorciers, ceux-ci suggèrent des indices relatifs à la plus puissante des sorcières ou aux plus puissants des sorciers auxquels les Nupe donnent le titre de *Lelu*. Quand la personne en question est désignée, elle a en charge d'user de sa puissance psychique pour limiter les effets mortifères, voire la tendance à l'excès des autres sorciers de la royauté. C'est du moins ce qu'affirme S.F.Nadel : « les chefs Nupe avaient l'habitude de décerner le titre de *Lelu* à la sorcière la plus puissante : ses connaissances secrètes pouvaient aussi être utilisées par la suite au bénéfice de la communauté. Les gens pensaient se servir de cette femme, devenue membre de l'administration du village, pour surveiller et contrôler les activités subversives des autres sorciers »[80].

L'usage de ces connaissances surnaturelles chez beaucoup de peuples sur la terre, don du cerveau quantique, pour accéder à l'intégrité immédiate d'une personne et lui nuire, s'il y a lieu et sans nécessité, est bien antérieur à leur emploi contemporain. Elle est non seulement antérieure et intemporelle, mais très efficace comme le souligne fort bien André Bernand dans ses *Sorciers grecs*. Quelques exemples, que nous lui empruntons pour étayer le sens des analyses présentes, montrent que notre cerveau n'a pas beaucoup changé à travers le temps. Il inspire toujours les mêmes rituels dans les diverses formes d'envoûtement pour tuer, blesser quelqu'un ou pour le rendre passionnément amoureux ; ou encore ses méthodes de prise de possession de la personne d'autrui sont assez semblables par-delà les époques et la diversité des peuples. Tout au plus, avec le développement des sciences

[80] *Byzance noire – Le royaume des Nupe du Nigéria* (François Maspéro, coll. « Bibliothèque d'anthropologie, Paris 1971, p.232)

moléculaires et la découverte de l'ADN-ARN au XX$^e$ siècle, notre cerveau permet de varier les méthodes d'approche de ces mêmes phénomènes. Mais il complique singulièrement les choses par la médiation incontournable de la technologie. Nous le montrerons à propos des modes de recherche en criminologie de la police scientifique.

Nous retiendrons deux procédés différents d'envoûtement d'un être humain rapportés par André Bernand. L'une de ces formes, dont les experts discutent le sens final, vise à nuire à une femme ; l'autre, au contraire, a pour but d'amener une femme à tomber, de façon passionnée, sous le charme de celui qui veut la séduire non par le discours prétendument amoureux, à l'issue incertaine, mais par la puissance ensorcelante des potentialités du cerveau qui incline la psyché de la personne désirée à céder sans résistance ni prise de conscience de son attitude. Dans le premier exemple, la discussion porte sur l'intervention réelle de rites d'envoûtement opérés sur une statuette représentant une femme nue et qui est conservée au Louvre. L'auteur écrit à propos de l'interprétation de l'un de ces experts ceci : « un autre médecin consulté par l'éditeur, a remarqué que les aiguilles ne sont pas enfoncées perpendiculairement à la surface percée, mais obliquement ce qui peut s'expliquer par le désir de toucher certains organes à l'intérieur du corps, conformément à des intentions de Sarapammon : « l'aiguille enfoncée dans les voies génitales, observe le médecin, est orientée perpendiculairement à leur partie supérieure, c'est-à-dire, la région clitoridienne. Si c'eût été vers l'utérus et sa cavité, elle eût été oblique et en direction supérieure. Elle est donc destinée à supprimer l'orgasme possible de la femme et non pas le coït. Par ailleurs, elle n'est pas dirigée verticalement au travers de la matrice : elle ne vise donc pas le centre de la vie. L'anus est percé, pour éviter une action sodomique. Les yeux et la bouche, pour centrer une action génésique. Les mains et les pieds sont percés, pour éviter la manipulation des organes ainsi que la motion vers le lieu de plaisir. Au crâne, c'est la fontanelle lambdatique (séparation de l'occipital avec les deux plaques pariétales) qui est percée » »[81].

Puisque la vie semble ériger l'activité sexuelle, à la fois comme nécessité au sens de la préservation de l'espèce tel le poids de la sérotonine, et tel le sens du déploiement existentiel, voire comme source de liens, en l'occurrence, les sentiments amoureux, les particuliers passent le plus clair de leur temps ici-bas à se chercher perpétuellement. Ainsi, les guerres déclenchées généralement par la puissance féroce et mortifère du masculin se justifient par la nécessité de rechercher partout dans l'espace des partenaires sexuelles pour perpétuer sa lignée. On comprend alors que la science ésotérique des Anciens soit souvent utilisée pour satisfaire les désirs d'amour. Qu'il s'agisse d'amours hétérosexuelles ou homosexuelles, le but de l'envoûtement amoureux est le même : forcer la ou le partenaire désiré(e) à aimer le soupirant ou l'aimante. Il s'agit de provoquer sur la personne de l'autre un effet de charme irrésistible, une passion dévorante, exigeante, brutale. Le cœur de la personne désirée doit être en proie à une flamme vive au point que son âme soit totalement aliénée par le désir de l'amant. A cet effet, d'après André Bernand, plusieurs procédés sont utilisés : dès lors que l'on vise l'amour de quelque personne en particulier, dans les incantations, on doit citer soit son prénom, soit son nom et celui de sa mère afin que les entités suprasensibles invoquées pour accomplir une telle mission ne se trompent pas de cible. On peut avoir recours à une statuette de cire, et autres objets matériels, sur laquelle on agit par la puissance de la parole.

Celle-ci est elle-même portée par l'action efficiente du Dieu tout-puissant, par celle des divinités subalternes et

[81] *Sorciers grecs* (Fayard, 1991, Paris p.p.292-293)

messagers du premier, voire des démons et toutes sortes d'esprits errants sans cesse dans l'espace et changeant de figures ou de noms au cours du temps. Ce peut être aussi l'esprit des morts. La figure de l'objet d'amour lie à la fois le corps et l'âme ; ce qui signifie la mise en jeu des forces physiques et psychiques. L'incantation, pour qu'elle suscite un fort effet, est insistante, répétitive. Qu'elle soit écrite ou non sur une tablette, un papyrus, elle doit être dite oralement. Dans certains cas, le magicien ou le sorcier recommande même quelques sortilèges : déposer par exemple, la ligature dans la tombe d'un mort dont le nom contribue à promouvoir l'efficacité du charme comme Evangelos qui signifie « bons messagers ». On peut aussi porter le charme dans la demeure de la personne convoitée afin qu'elle ne puisse guère échapper à l'envoûtement amoureux[82].

Entre autres exemples, nous retiendrons celui d'une inscription trouvée à Carthage, du temps de l'Empire romain, puisqu'elle est rédigée en latin. Il s'agit d'une femme, une certaine Septima qui confectionne un charme d'amour afin qu'un certain Sextilius veuille l'aimer avec passion. Ce document daterait du II$^{e}$ siècle après J-C. et se présente sous cette forme : « Je t'adjure… par le grand dieu et par les Antéros et par celui qui a un épervier sur la tête, et, par les Sept Etoiles, afin que, à partir de l'heure où j'aurais déposé ce charme, Sextilius, fils de Dionysia, ne dorme pas, qu'il brûle et délire, qu'il ne dorme ni ne s'assoit, ni ne parle, mais qu'il songe à moi, Septima, fille d'Amoena ; qu'il brûle et délire d'amour et de désir pour moi, que l'âme et le cœur de Sextilius, fils de Dionysia, brûle d'amour et de désir pour Septima, fille d'Amoena.

---

[82] C'est ainsi que procèdent également les sorciers, les marabouts et les prêtres des religions traditionnelles africaines subsahariens. Le procédé est tellement identique que le temps n'a eu aucun effet sur la fidélité de ces rituels.

Et toi, Abar Barbarie Eloe Sbaoltr Pachnouphy Pytipemi, fais que Sextilius, fils de Dyonisia, ne puisse trouver le sommeil, mais qu'il brûle d'amour et de désir pour moi ; que son esprit et son cœur se consument, ainsi que tous les membres de tout son corps à lui, Sextilius, fils de Dyonisia. Sinon, je descends dans le sanctuaire inviolable d'Osiris, je briserai son cercueil et je le jetterai pour qu'il soit emporté par le fleuve. Car je suis le grand décan du grand dieu Achramnachalala… »[83]

Cette incantation, qui peut nous paraître aujourd'hui ridicule, insensée n'est absurde qu'en apparence, c'est-à-dire qu'aux yeux de celui qui n'a pas été initié ou instruit dans ce genre de pratique. Il en va de même du langage de la chimie, qui semble totalement inintelligible aux yeux du profane. A titre d'exemple, prenons les formules chimiques suivantes : « Na26 (Ce,TR)6 (SiO3)6 (PO4)6 (CO3)6 (S+4 O2) O, C31 H32 N4 Ni, K2 (UO2)2 (AsO4)2 6H2 O, Sn21 +2 Cl16 (OH)14 O6, Cu+2 Mn6 +3 SiO12, Ag2 S, CH3 CO NH2, Fe Se, Ca Fe2 O4, X Ca2 (Mg,Fe+2)5 Si8 O22 (OH)2, Sr Al F4 (OH) H2 O, Zn2 (AsO4) (OH), Na Y (CO3)2 6H2 O, Ca Mg (AsO4) (OH), Mg B6 O10 7H2 O, Na Fe+3 Si2 O6, Na2 Fe5 +2 Ti Si6 O20, Ca4 (Al,Fe+3,Mg,Fe+2)10 Si12 O35 (OH)12 (CO3) 12H2 O, Ne, NaOH, HCI, NaOH, KOH, $C_6H_{12}O_6$, $C_{12}H_{22}O$, $C_2H_6O$, $CH_4$, $H_3PO_4$ Ca4 (Al,Fe+3,Mg,Fe+2)10 Si12 O35 (OH)12 (CO3) 12H2 O, (Ce,Ca,Fe,Th)(Ti,Nb)2 (O,OH)6, (Na,Ca,K)8 (Si,Al)12 O24 (SO4,Cl,CO3)3 H2 O, Nd,La,Ce,Ca) Cu6 (AsO4)3 (OH)6 3H2 O, (K,Na) Cu7 +2 Al Si9 O24 (OH)6 3H2 O, (Mn+2,Mg)5 (AsO4)2 (OH)4 4H2 O etc. » Lequel d'entre nous, s'il n'est lui-même chimiste des minéraux, peut comprendre ce genre de langage ? N'est-ce pas un véritable charabia aux yeux du non spécialiste ? Or, il suffit d'avoir fait des études de chimie pour déchiffrer immédiatement le nom des miné-

[83] Idem p.298

raux qui se cachent derrière ces règles d'écriture adoptées par cette science. Il en va de même dans les domaines des sciences ésotériques. En ce sens, toute tentative d'analyse rationnelle de type matérialiste visant à nier simplement la possibilité de tels espaces de réalités humaines peut être considérée comme dogmatique, scientiste, voire illégitimement orgueilleuse.

## 2. Le monisme matérialiste comme refus des potentialités autocréatrices du cerveau humain

L'esprit du monde contemporain n'accorde de crédit qu'aux études des phénomènes matériels expérimentables et perceptibles par nos sens. Il en fait son seul credo ; au point que la technoscience soit devenue une nouvelle religion, une espèce de conviction dont l'irrationalité dépasse, du moins égale l'obscurantisme des temps anciens. Cette foi dans les études expérimentales avec l'efficacité de leurs machineries matérielles, reconnue comme le critère de toute rationalité, oublie que la conception rationnelle des choses n'est pas capable, dans l'absolu, de nier l'esprit. Mais son combat contre cette dimension de l'homme confine, de nos jours, à une inclination sentimentale, pseudo-scientifique même qui exerce une suprématie souveraine sur les intelligences les plus faibles en les entraînant dans toutes les formes d'adhésion.

Mais, a-t-on fini de découvrir les secrets enfermés dans les méandres de l'âme humaine ? Et si la véritable explication de l'opacité de la matière gisait dans la complexion de l'homme lui-même ? Comprendre comment fonctionne l'énergie qui compose la structure de la matière et de l'esprit, sous d'autres modalités que les seules ratiocinations matérialistes, n'est-ce pas faire un pas en direction d'une intelligence différente de notre mystérieuse nature, par-delà les préjugés dangereux des savoirs positifs installés comme à demeure dans les esprits contemporains avec leurs dogmatismes, leurs obscurantismes, voire les *a priori* des cultures ?

Ces mystères, c'est-à-dire les domaines des sciences ésotériques, si mystères il y a, proviennent de la structure complexe même du cerveau humain, notamment quantique qui est capable, plus que la pauvre et débile conscience ne peut en entendre, d'embrasser et de comprendre des possibilités de combinaisons incommensurables pour pouvoir nous livrer et même nous dévoiler quelque savoir intelligible. Comment peut-il en être autrement puisque les scientifiques eux-mêmes s'extasient, ou presque, devant les insondables abysses du cerveau ? Ainsi, selon Jean-Pierre Changeux, dans son dernier ouvrage, il n'y a pas de doute sur « l'extrême complexité structurale de l'encéphale humain. On y trouve de l'ordre de 100 milliards de neurones et que, de plus en plus, on estime aujourd'hui à 300 milliards, reliés entre eux par, en moyenne, 10.000 contacts synaptiques… »[84]. A cette estimation, Trinh Xuan Than ajoute qu'on peut comparer cette extrême composition des neurones du cerveau à autant « d'étoiles dans une galaxie, ou de galaxies dans l'univers observable ! »[85]. La conséquence qu'on peut tirer de ces remarques sur la structure du cerveau est la suivante : comme il y a, dans le fonctionnement de cet organe ingénieux, un processus qui part des simples molécules aux neurones, de la combinaison de ceux-ci à des combinaisons encore plus abyssales et infinies, alors rien n'interdit de penser que les diverses figures des productions humaines comme la culture et ses diverses manifestations, ses multiples créations etc., dérivent du même cerveau, suivant des dimensions de réalités extrêmement

[84] *Du vrai, du Beau, du Bien - Une nouvelle approche neuronale* - (O. Jacob/Sciences, Paris 2008, p.92)

[85] *Le monde s'est-il créé tout seul ?* (A. Michel, coll. « Entretiens/Clés », Paris 2008, p.42)

complexes et plus variées que notre conscience, petitement savante, ne peut l'imaginer. Ceci est d'autant plus aisé à concevoir que, selon Jean-Pierre Changeux, en vertu des multiples figures d'activités du cerveau humain, rien ne s'oppose à ce qu'il soit l'unique créateur, entre autres, de « trois principaux champs d'activité culturelle chez l'homme, l'activité scientifique, la régulation éthique et la création artistique... » (p.103) ; et aussi bien de toutes les autres expressions positives ou ésotériques comme la magie/sorcellerie. Car il n'y a pas lieu de les en exclure parce qu'on peut faire preuve d'ignorance sur ces dimensions de notre cerveau soit par mépris, soit par indifférence.

Si, comme le prouvent les travaux de Jean-Pierre Changeux, entre autres neurobiologistes contemporains, relatifs à l'ampleur démesurée des potentialités du cerveau humain, bien plus complexe et plus incommensurable qu'aucune galaxie ou même qu'un univers aux dimensions connues par les modèles théoriques de notre raison et par ses prolongements technologiques d'exploration, alors pourquoi limiter ses potentialités à cette débile et étroite vision que permet cette même raison ? Jean-Pierre Changeux, théoricien matérialiste achevé, s'emploie constamment à remettre en cause le dualisme corps/âme de la philosophie classique, tel que celui de Platon ou de Descartes notamment, en réduisant tout le fonctionnement des productions élégantes du cerveau humain telles la philosophie, la science elle-même, l'éthique, l'esthétique, etc., à un processus, voire à un fonctionnement de plus en plus complexe de la matière[86]. Le monisme[87] matérialiste,

[86] Une telle thèse, comme cet auteur lui-même le reconnaît dans ses travaux majeurs (*L'homme neuronal, Du Vrai, du Beau, du Bien*) n'est pas si novatrice qu'elle en a l'air. Avant lui, et dès l'antiquité, Démocrite, Epicure, Lucrèce dans la suite des penseurs atomistes, avaient conçu toute la complexité des productions du cerveau, entre autres, à partir des combinaisons de la seule matière, en l'occurrence les atomes. Puis, au cours des temps modernes, un auteur comme

pense-t-il, pourrait être considéré à la fois comme un progrès de la pensée philosophico-scientifique et comme l'expression accomplie de la science contemporaine. Cette entreprise matérialiste semble être soit ambitieuse, soit vaine. Elle pourrait très bien ne pas aboutir, ni même mettre un terme au mouvement de la pensée scientifique, comme il semble en faire secrètement le vœu.

D'une part, depuis l'origine de la philosophie grecque au VII^e-VI^e siècle avant J-C, puis de la science au XVII^e siècle après J-C, le dualisme est apparu comme une aporie de toute pensée rationnelle. A la limite, le parallélisme de Spinoza paraît une perspective plus originale pour tenter de dépasser le dualisme récurrent sans véritablement le nier. Car vivre soit sous l'angle de la nature avec ses troubles, ses affections, en somme ses passions aveuglantes, conflictuelles, tristes et/ou malheureuses, soit sous l'angle de la raison, champ de la vérité, de l'amour humain universel et de Dieu, de la paix de l'esprit, bref de la béatitude revient à reconnaître explicitement que l'être humain est composé de deux entités antithétiques. En ce sens, le monisme matérialiste de Jean-Pierre Changeux et/ou de tout autre genre de monisme confine à ce fabuleux personnage de Cervantes, Don Quichotte qui, dans ses illusions, s'acharne à combattre des moulins à vent qui lui paraissent comme de dangereux monstres à détruire absolument, sans assurance, d'ailleurs, qu'une telle destruction,

---

Diderot a combattu, à sa manière, le dualisme cartésien en montrant que tout n'est que matière (*Lettre sur les aveugles*, p.105, Garnier Flammarion, Paris). La pensée, ou plutôt, les productions du cerveau humain, aussi merveilleuses qu'elles puissent être, ne sont rien d'autre qu'un ensemble de combinaisons de plus en plus complexes des structures élémentaires de la matière.

[87] Le monisme, selon le *Bordas,* est « un nom générique des diverses doctrines qui ramènent l'univers à un principe ou à une substance unique : l'*immatérialisme* de Berkeley est un monisme, aussi bien que le *matérialisme* de Haeckel… »

si elle pouvait s'accomplir en fait, pourrait apaiser ses obsessions et/ou ses fantasmes.

D'autre part, à supposer même qu'on lui accorde la validité de ce genre de monisme, quelle solution scientifique une telle vision et/ou conception des phénomènes apporterait-elle aux problèmes inextricables, incommensurables même qui se posent à l'intelligence humaine ? N'est-ce pas se contredire soi-même en voulant simplifier, telle la tentation naturelle du scientifique, les données complexes du cerveau humain ? Ne pose-t-il pas lui-même que celui-ci compte cent ou plus de milliards de neurones ?

Si on se fonde sur les données admises aujourd'hui par toutes les branches des sciences dures selon lesquelles le genre humain, comme tout autre vivant - d'ailleurs, tout phénomène n'est-il pas en mouvement continu ? - est une parcelle animée de la matière primordiale telles les particules élémentaires de l'origine de l'univers ou du multivers et, plus tard, des formes de vie que nous connaissons sur cette terre, il n'est pas dénué de sens de penser que les composants neuronaux, entre autres, participent de cette matière initiale. Sur ce point, Brian Greene a montré, dans le champ de la physique quantique, que certaines particules s'accordent une « liberté » étonnante. Elles agissent suivant un « libre arbitre » qui dévoile qu'elles ont dans leur structure une ingénierie latente susceptible d'autocréations indéfinies, de possibilités, de réalités, d'espaces de réalités inouïs. Dès lors, suivant l'hypothèse de la similitude des composants de la structure du vivant et de ceux de la matière[88], notre cerveau, étant fait de parti-

---

[88] Dans *Le monde s'est-il créé tout seul,* Albert Jacquard reconnaît, à juste titre, que « nous ne savons pas définir le vivant. Mais la barrière supposée entre animé et inanimé saute à partir du moment où l'on comprend que tout être vivant fonctionne avec de l'ADN, et que l'ADN n'est pas une molécule mystérieuse : c'est une molécule comme le benzène-plus complexe, mail il y a une continuité » (p.119).

cules semblables, pourrait avoir la « liberté » de créer des univers de réalités différenciées insoupçonnées.

En ce sens, les pouvoirs du cerveau que nous exploitons insuffisamment laissent entières d'autres perspectives, d'autres sources de savoirs. En se fondant sur ces considérations, nous pouvons admettre que notre cerveau est comme une immense porte ouverte sur l'univers entier, un gigantesque récepteur enté sur les espaces proches et lointains, sur les dimensions superposées et/ou parallèles de l'univers. C'est un immense océan dans lequel continûment se reflètent et dansent tous les êtres, tous les phénomènes visibles et invisibles des mondes proches et lointains. Pour poursuivre dans le sens de cette métaphore, les neuroscientifiques en général, et l'éminent professeur Jean-Pierre Changeux en particulier, reconnaissent de façon unanime que le cerveau recèle des zones inconnues et peut-être inconnaissables qui confinent à des mystères, en raison notamment de l'incapacité des moyens technologiques dont on dispose pour l'explorer en totalité et en détail. Car les structures complexes du cerveau peuvent se comprendre en termes géologiques.

En effet, les géologues[89] emploient des concepts comme les plissements, les stries, les strates ou couches géologiques pour tâcher de comprendre, entre autres aspects, les différents niveaux de formation de la terre. Par exemple, les strates ne sont pas en elles-mêmes aussi simples qu'on le croit d'ordinaire. Dans la dissection de la structure de la matière tellurique, on considère qu'elles sont elles-mêmes des unités stratigraphiques de base. Ces unités, à leur tour peuvent se diviser en membres et/ou assemblages en groupes. Dans cette analyse topogra-

---

[89] On trouve les données suivantes, entre autres ouvrages, dans celui de Claude Allègre : *12 clés pour la géologie,* (Belin/Sciences, coll. « Regards », Paris, 1987) ou encore l'œuvre commune de Laurent Emmanuel, Marc de Rafelis, Ariano Pasco : *Géologie* (Dunod, Paris, 2007), notamment le chapitre sur la géomorphologie, p.196.

phique, on répertorie des sédimentations qui comprennent deux phases de structuration : la création d'une nouvelle couche et l'augmentation du volume de celle-ci. Aussi, les géologues sont amenés à considérer qu'une scène géologique constitue un ensemble de couches empilées les unes sur les autres. Dès lors, la sédimentation est dans un état continu de dépôt de matière qui peut entraîner la création d'une nouvelle couche et la déformation de celle-ci, etc. Eu égard à cette complexité des structures de la matière géologique, on a affaire à une véritable arborescence de ses composants.

Dans cette perspective, à défaut de pénétrer à l'intérieur de notre cerveau pour explorer le travail continu et minutieux des neurones, à travers les 10.000 connexions synaptiques possibles entre deux neurones, soit un million de milliards de contacts synaptiques possibles dans le cerveau humain, et pour saisir de façon instantanée le fonctionnement réel de cet organe singulier, nous pouvons le concevoir comme une arborescence de complexions en soi-même. D'autant plus que la structuration de la formation géologique est fort simple en comparaison. Chacun des plissements, des strates, des couches, des sous-couches du cerveau pourrait receler des combinaisons d'autocréations infinies qui conduisent à l'émergence de phénomènes élégants et extraordinaires comme la sorcellerie, la philosophie et la science, parmi les plus remarquables productions des cultures humaines, suivant les besoins, les utilités et les attentes de l'espèce humaine à travers le temps et dans l'espace.

De telles émergences du travail et des pouvoirs du cerveau ne suffisent pas, à elles seules, à rendre compte du fonctionnement neuronal global. Bien au contraire, sans doute, l'essentiel des phénomènes créateurs, issus du cerveau, ne constitue que la toute petite partie émergée d'un iceberg. Il en est de même de l'univers dont nous ne voyons seulement que les 0,5% de sa partie lumineuse et/ou visible de la totalité des 27% de son contenu. Ce sont, du moins, les estimations présentes fournies par des Astrophysiciens comme Trinh Xuan Thuan. Une telle conception des pouvoirs du cerveau nous conduit nécessairement à une attitude d'humilité par rapport à ce vaste océan qu'est notre cerveau et à ses immenses potentialités créatrices de réalités, de phénomènes positifs infiniment multiples, voire étranges, exotiques et ésotériques.

Ainsi, au lieu de s'acharner à nier le dualisme, il faut inverser les choses : hors l'ordre de la pensée religieuse, il faut poser que la Matière/Energie est antérieure à l'esprit. Tel est, d'ailleurs, le sens de l'une des thèses défendues par Pierre Teilhard de Chardin. En effet, nul ne peut remettre en cause le fait qu'avant que l'esprit n'advienne en ce monde par sa transformation en conscience et raison chez l'espèce humaine, la Matière/Energie a, semble-t-il, toujours été là ; même si, par la reconstitution et la construction de la raison astrophysicienne, nous ne connaissons que son commencement. Nous sommes donc dans l'ignorance totale de son origine. Dans cette perspective, reconnaît cet auteur, si l'on parle du « Primat de l'Esprit »[90], il faut entendre par cette expression l'idée du « primat de l'Avenir » de la matière dans la complexion de ses processus de transformation continue. Suivant cette espèce d'« évolution dirigée », Pierre Teilhard de Chardin écrit en effet, que « la Spiritualisation progressive de la Matière, à laquelle me faisait si clairement assister la Paléontologie, pût être autre et moindre chose qu'un processus *irréversible*. L'Univers en gravitation tombait vers l'Esprit comme sur une forme stable, en avant. Autrement dit, prolongée, approfondie, pénétrée jusqu'au fond, *suivant son vrai sens*, la Matière, au lieu de s'ultra-matérialiser comme je l'aurais d'abord cru, se métamorphosait au contraire irrésistiblement en Psychè. Non point

[90] *Le cœur de la matière* (Seuil, Paris, 1976, p. 35)

métaphysiquement, mais génétiquement, considéré, l'Esprit, loin d'être l'antagoniste ou l'antipode, devenait le cœur même de la Tangibilité que je cherchais à atteindre »[91].

Il n'y a donc pas de contradiction à affirmer que la matière produise du spirituel. La preuve en est que la pensée et la raison, la conscience, la philosophie, la science, les idées morales, les symboles mathématiques, les valeurs esthétiques et éthiques, les constructions théoriques d'intelligibilité de l'univers, etc., sont des productions spirituelles émanées de la matière ; d'autant plus que d'un point moléculaire, les composants élémentaires du vivant et de l'inerte sont les mêmes. Mais, ce que notre cerveau crée ainsi à partir de la matière accède à une autre réalité devenue autonome par rapport à tout ce qui est matière. Car l'idée du Bien, de Dieu, de l'âme, de l'esprit ; les compositions du génie musical, comme la Neuvième ou la sixième symphonie de Beethoven, les oratorios de Bach etc., l'imagination dans la peinture, la sculpture, la littérature, les génies scientifique et philosophique, les objets de la métaphysique, etc., sont une pure spiritualité sans équivalent dans la matière qui les a vus éclore, qui les produit par les forces de la matière cérébrale ou neuronale, pour nommer les choses à l'instar de Jean-Pierre Changeux.

Mieux encore, l'idéation n'a pas d'équivalent dans la matière. Pourtant, l'être humain lui doit toute l'intelligence des phénomènes visibles et non perceptibles par les sens ordinaires, comme les objets de la physique quantique. C'est même cette idéation qui rend effective la réalité de la matière en la conceptualisant. Donc, la matière vivante et/ou « inerte » produisent bien, dans l'espèce humaine, quelque chose de non palpable qu'il faut bien nommer tel quel, comme on l'a toujours fait, en l'occurrence, l'esprit ou l'âme ou la psyché ou la cons-

[91] Idem, p. 36

cience, etc., devenu étranger à et différent de la Matière/Energie elle-même ; laquelle, en dernier ressort, n'existe que par l'esprit/énergie qui la conçoit et la pense.

La science n'est pas le reflet réel de l'essence de la matière et des phénomènes vivants, mais le miroitement de la raison, voire l'empire de l'idéation[92]. Ainsi, les Tibétains se sont employés, par des méthodes ad hoc, à développer des pouvoirs psychiques de façon remarquable, d'une part, d'autre part, dans le contexte occidental, deux philosophes modernes, comme Feuerbach et Nietzsche, mettent en lumière le fait que tout le ciel des valeurs religieuses n'a rien de transcendant. Du moins, s'il y a transcendance, celle-ci est émanée de la conscience humaine ; autant dire du fruit du travail cérébral devenu pure idéation qui fonctionne et agit en nous comme la réalité, la vérité même.

### A. L'appropriation de la matière par l'idéation et/ou par les pouvoirs de la psyché

D'abord, entre autres ouvrages traitant du bouddhisme tibétain, ce sont surtout les mines d'informations, de données, de recherches rapportées dans ceux d'Alexandra David-Neel qui nous éclairent davantage sur ce point. En raison de son esprit cartésien, cousu de doutes relatifs à certains phénomènes extraordinaires mentionnés dans ses livres, tout au long de ses investigations à travers le Tibet, nous sommes assurés du caractère scientifique de ses travaux ; même si la scientificité d'un document ne doit pas être toujours, ni constamment l'aune de sa recevabilité.

---

[92] Nous employons ce terme dans le sens que lui donne *Le Robert*, à savoir la « formation et l'enchaînement des idées ». Quoique nous fassions, nous ne pouvons guère échapper à cette production continue des idées, au fait que tout ce qui existe l'est par la pensée qui lui donne forme. L'idéation, c'est l'ultime réalité humaine puisque le genre humain est ce qu'il est par l'heureux processus des phénomènes cérébraux biochimiques, producteurs des idées et donc de la pensée.

Comme elle doutait de la réalité concernant l'évocation des esprits malfaisants, un jour elle interrogea un moine versé dans la science tibétaine, du nom de Kouchog Wantchéen, celui-ci, ayant compris son état de scepticisme, lui répondit de la manière suivante :

« - D'après vous, il doit suffire aussi de ne pas croire à l'existence des tigres pour être certain de ne jamais être dévoré par l'un d'eux, si l'on passe à sa portée.

Et il continua :

- Qu'elle s'opère consciemment ou inconsciemment, l'objectivation des formations mentales est un procédé très mystérieux. Que deviennent ces créations ? Ne peut-il pas se faire que comme les enfants nés de notre chair, ces enfants de notre esprit échappent à notre contrôle et qu'ils en viennent, soit avec le temps, soit soudainement, à vivre d'une vie propre ?

Ne devons-nous pas aussi considérer que s'il nous est possible d'engendrer ceux-ci, d'autres que nous possèdent le même pouvoir et, si de tels *tulpas* (créatures magiques) existent, est-il extraordinaire que nous prenions contact avec eux, soit par la volonté de leurs créateurs, soit parce que nos propres pensées ou nos actes produisent les conditions requises pour que ces êtres manifestent leur présence et leur activité ?

Comme comparaison, imaginez une rivière et, à quelque distance de sa rive, une pièce de terre sèche où vous demeurez : les poissons ne s'approcheront jamais de votre habitation. Mais creusez un canal entre la rivière et l'endroit où vous vivez et, au bout de ce canal, un étang. Alors, avec l'eau qui coulera et remplira ce dernier, les poissons viendront aussi de la rivière et vous pourrez les voir nager devant vous.

Il faut se garder d'ouvrir des « canaux » à la légère. Peu de gens se doutent de ce que contient le grand fond de l'univers qu'ils mettent en perce inconsidérément.

Et, plus légèrement, il conclut :

- Il est nécessaire de savoir comment se défendre contre les « tigres » dont on est le père et, aussi, contre ceux que d'autres engendrent »[93].

Grâce à la puissance de l'esprit, notamment à la maîtrise du souffle, lui-même porteur de l'esprit, capable soit d'agir en réglant la respiration par des techniques ad hoc, soit d'engendrer le calme chez le méditant - ce qui démontre que l'activité du corps a une influence sur celle de l'esprit -, les Tibétains, tout autant que les Hindous, parviennent à donner vie au diagramme magique, à l'instar des statues de leurs divinités. Selon David-Neel, il s'agit d'un rite, le « präna-pratishthä », qui a pour finalité de transmettre l'énergie spirituelle et/ou psychique de l'officiant à l'objet inanimé du culte. Il y parvient par l'intermédiaire d'émanations psychiques. Comme les techniques de la sorcellerie qui donnent vie à des objets inertes, les animent, et les font agir en vue des intentions des agents, les Hindous et les Tibétains infusent de la vie et de l'énergie psychique aux objets inanimés en leur rendant un culte quotidien. Leurs déités se nourrissent ainsi de la concentration de la pensée, facteur et œuvre de l'idéation, qui les fait vivre et accéder à l'existence dans la dimension et réalité humaines.

Dès lors, si les Hindous, notamment, condamnent la cessation des cultes quotidiens aux dieux, cela tient au fait que ceux-ci pourraient cesser de vivre du jour au lendemain, parce que l'âme vivante placée en eux par les pouvoirs psychiques, manquant de cet aliment subtil, meurt d'inanition et retourne à l'état de matière inerte. On comprend donc aisément que l'univers des phénomènes, quels qu'ils soient, qui émergent dans le champ de la réalité humaine, dérivent de la puissance de la conscience et de la

---

[93] Alexandra David-Neel : *Mystiques et magiciens du Tibet* (Presses Pocket, Paris, 1980, p.139

pensée, c'est-à-dire du fonctionnement du cerveau sous sa figure d'idéation. Ils peuvent aussi être absorbés par les pouvoirs du même esprit.

Toutefois, par-delà les diverses croyances communes sur les apparitions de toutes natures que l'esprit humain peut générer lui-même ou rencontrer dans la nature environnante, telle la rencontre d'une métamorphose de la matière avec l'esprit, les savants tibétains sont convaincus d'une chose essentielle : qu'il s'agisse de la capacité dont certains moines font preuve, ermites ou non, à faire mouvoir la conscience dans divers espaces du corps – la sensation que l'esprit est dans le cœur, dans la tête ou ailleurs en quelque autre endroit du corps – le *Yidam* ou dieu tutélaire, les démons, les dieux, l'univers tout entier n'existent nulle par ailleurs que dans l'esprit humain. C'est en lui également que tout finit par se dissoudre avec la mort ou la dissolution du corps.

Les Tibétains, entre autres peuples de l'Asie, qui exercent et pratiquent au quotidien des pans entiers du pouvoir du cerveau, savent pertinemment qu'il existe réellement une interaction entre les effluves de la matière et l'énergie psychique. Cette rencontre, qui vise à produire des phénomènes en vue d'obtenir quelques résultats bien déterminés – ce peut être l'œuvre d'une personne, un homme ou une femme – peut atteindre sa pleine efficacité par la concentration de la pensée, c'est-à-dire des méthodes psychiques réitérées depuis l'enfance dans certains cas. C'est ce que prouvent les remarques suivantes de David-Neel :

« Le secret de l'entrainement psychique, comme les Tibétains l'entendent, consiste à développer une puissance de concentration de pensée dépassant de beaucoup celle que possèdent, naturellement, les hommes mêmes les mieux doués à cet égard.

Les tibétains affirment que, par le moyen de cette concentration, des ondes d'énergie sont produites.

Le mot « onde » est de moi, bien entendu. Je l'emploie pour rendre l'explication plus claire et parce que, comme on le verra, il s'agit bien, dans la pensée des Tibétains, de courants de forces. Toutefois, ceux-ci emploient simplement le mot « énergie ». Cette énergie, enseignent-ils, est produite chaque fois qu'une action mentale ou physique a lieu » (p.289).

Il n'y a rien d'étonnant à ces phénomènes pour peu que l'on s'intéresse aux révélations de la physique quantique concernant les étrangetés de la matière subatomique. Pour nous en tenir à un aspect précis du mystère de cette partie de la Nature, contrairement aux illusions du sensible, lequel nous incline à penser les objets en termes de fixité ou d'état ou, en d'autres termes, les choses paraissent à nos sensations comme permanentes, la physique quantique démontre que les phénomènes ne sont pas conformes à cette image erronée du monde. Selon Brian Greene, l'un des plus éminents tenants contemporains de la théorie des cordes, c'est surtout la manifestation de la lumière qui fait voler en éclats toutes les conceptions antérieures, notamment celle de la physique classique. A titre d'exemple, des expériences effectuées par Davisson et Germer dévoilent la manière dont un faisceau d'électrons peut rebondir sur un morceau de Nickel. Ils constatent que les électrons sont « capables » d'engendrer des faits d'interférence ; ce qui est le propre d'une onde.

Sans entrer dans les détails de ces expériences, tout se passe comme si les électrons, les photons s'arrangeaient entre eux pour générer des interférences. En d'autres termes, suivant des données et/ou temps déterminés, quelques électrons isolés parviennent à créer une forme spécifique aux ondes ; ce qui, comme Brian Greene l'écrit, dévoile la face ondulatoire d'un électron : « … La lumière a *en même temps* des propriétés ondulatoires et corpusculaires. L'univers microscopique exige que l'on se débarrasse de notre intuition selon laquelle on a affaire ou bien à une onde ou bien à une particule, et que nous admettions qu'il est possible d'être les deux à la fois... Certes, on peut élaborer des expressions comme « dualité onde/corpuscule », on peut même traduire ces mots en un langage mathématique qui décrit le résultat de ces expériences avec une précision incroyable. Mais il est extrêmement difficile de comprendre réellement, de façon vraiment intuitive, ces propriétés fascinantes du monde microscopique »[94]. Cette incompréhensibilité de l'essence, du jeu/fonctionnement de la Matière/Energie, selon notre conception de ce phénomène, loin de limiter des hypothèses nouvelles doit au contraire les encourager.

Car les bornes de notre incapacité à tout comprendre sont inhérentes aux usages des pouvoirs de notre raison. Ces hypothèses nouvelles sont nécessaires pour comprendre autrement le lien de l'être humain à la Matière, la place centrale du cerveau dans sa double essence matière/esprit - idéation et dans ses multiples formes de productions, dont celles relatives à la culture, qui sont l'objet de notre analyse présente. Il n'est donc pas étonnant que, suite à des millénaires d'entraînement psychique, c'est-à-dire à la mise en pratique de certains pouvoirs du cerveau, les Tibétains soient parvenus à une certaine maîtrise de ces pouvoirs, à jouer même avec eux sous de multiples figures extraordinaires les unes autant que les autres.

Alexandra David-Neel explique comment l'interaction esprit/matière s'opère chez les Tibétains. Dans l'économie de cette analyse, nous retiendrons seulement deux points pour illustrer cette manière particulière dont le cerveau humain peut établir une forme de communication avec les éléments de la Matière supposée inerte mais qui, en réalité, est constamment animée d'infinies manières. C'est en ce sens qu'elle remarque : « 1° un objet peut être chargé

---

[94] *L'univers élégant* – Préface de Trinh Xuan Thuan – (Robert Laffont, Paris 2000, p.125)

par ces ondes, à la façon d'un accumulateur électrique, et rendre, ensuite, l'énergie qu'il contient, sous la forme d'une manifestation quelconque. Par exemple : il augmentera la vitalité de celui qui entre en contact avec lui, lui communiquera de l'intrépidité…

2° L'énergie transmise à l'objet infuse en lui une sorte de vie, et il devient capable de mouvement et peut accomplir des actes qui lui sont dictés par celui qui l'a mé.[95][…] Un moyen quelque peu analogue est, dit-on, employé par les *ngags-pas*, pour nuire à autrui » (p.290). Selon les mystiques tibétains, les gens exercés dans la concentration de la pensée sont capables de projeter hors de leur esprit toutes sortes de formes d'existence comme les dieux, les animaux fabuleux, ou les hommes, etc. Dès lors, quand les mystiques tibétains entreprennent d'initier leurs disciples à des mystères, il ne s'agit nullement de leur dévoiler un secret ou une doctrine quelconque, mais

---

[95] Certes, même si les tibétains ont maîtrisé certaines figures des pouvoirs du fonctionnement du cerveau humain, en montrant, comme ici, l'interactivité entre la matière et l'idéation, les peuples de l'Afrique subsaharienne, entre autres peuples du monde, font preuve de savoirs et d'usages semblables des potentialités cérébrales. Lors de nos enquêtes chez les Lyéla du Burkina Faso, nous avions rencontré un prêtre théurgique qui nous a appris comment l'esprit humain parvient à mettre en activité, voire en branle les forces de la Nature/Matière : « La terre est pan-vie. L'arbre la respire et la feuille au vent l'exulte. Le minéral lui-même est source de puissance démesurée si on sait où se loge son cœur pour le faire battre selon notre volonté. La terre voit doublement : comme nous, non-sorciers et comme les divers êtres de la nuit dont les sorciers - voire comme les êtres invisibles qui la peuplent dans toutes ses dimensions. La terre entend nos prières, écoute nos voix, nos chants, nos lamentations. Nous respirons par elle et les battements de notre coeur rythment incessamment le sien. La terre est comme le monde qui contient tout : rien ne lui échappe. Elle est le nœud qui enroule en soi toutes les puissances imaginables et inimaginables qui peuvent devenir foudroyantes si on arrive à les réveiller, un peu comme un ouragan en sa naissance nous paraît semblable à un pet » (p.p.279-280)

bien de leur transmettre la maîtrise du pouvoir et des forces psychiques afin que ceux-ci soient à leur tour capables d'accomplir de telles prouesses psychiques. Alexandra David-Neel elle-même, malgré son scepticisme, a bien voulu tenter l'aventure par la mise en branle, suivant les mêmes techniques d'entraînement psychique que les Tibétains, des forces de sa psyché. Certes, l'expérience a bien réussi, mais elle a manqué de courage pour la poursuivre jusqu'à son terme, à savoir, dans son cas, vérifier la réalité hors de son esprit des entités que celui-ci a créées :

« Quant à la possibilité de créer et d'animer un fantôme, je ne puis guère la mettre en doute.

Incrédule à mon ordinaire, je voulus tenter l'expérience moi-même et, afin de ne pas me laisser influencer par les formes impressionnantes des déités lamaïstes que j'avais l'habitude d'avoir sous les yeux, en tableaux et en statues, je choisis un personnage insignifiant : un lama courtaud et corpulent du type innocent et jovial. Après quelques mois, le bonhomme était formé. Il se « fixa » peu à peu et devint une sorte de commensal. Il n'attendait point que je pensasse à lui pour apparaître, mais se montrait au moment où j'avais l'esprit occupé à tout autre chose. L'illusion était surtout visuelle, mais il m'arriva d'être comme frôlée par l'étoffe d'une robe et de sentir la pression d'une main posée sur mon épaule. A ce moment, je n'étais point enfermée, je montais à cheval tous les jours, vivais sous la tente et jouissais, selon mon heureuse habitude, d'une excellente santé.

Un changement s'opéra graduellement dans mon lama. Les traits que je lui avais prêtés se modifièrent, sa figure joufflue s'amincit et prit une expression vaguement narquoise et méchante. Il devint plus importun. Bref, il m'échappait. Un jour, un pasteur qui m'apportait du beurre vit le fantôme, qu'il prit pour un lama en chair et en os.

J'aurais probablement dû laisser le phénomène suivre son cours, mais cette présence insolite commençait à m'énerver. Elle tournait au cauchemar. Je me décidais à dissiper l'hallucination dont je n'étais pas complètement maîtresse. J'y parvins, mais après six mois d'efforts. Mon lama avait la vie dure.

Que j'aie réussi à m'halluciner volontairement n'a rien de surprenant. La chose intéressante dans ces cas de « matérialisation » est que d'autres voient la forme créée par la pensée » (p.303).

**B. La transfiguration de la matière en idéation : les pouvoirs de la raison mécaniciste**

Dans le contexte occidental, nous retiendrons essentiellement la pensée de deux auteurs, en l'occurrence, Ludwig Feuerbach et Friedrich Nietzsche, qui ont démontré comment le ciel des valeurs religieuses n'est rien d'autre qu'une émanation cérébrale érigée au rang de transcendance métaphysique. D'abord, Feuerbach, dans son ouvrage, *L'essence du christianisme,* prouve qu'il n'y a pas d'opposition entre le divin et l'humain, contrairement aux thèses des penseurs, philosophes et théologiens, qui prétendent qu'il existe une telle dualité dans l'essence de toute religion, dont le christianisme. En effet, Dieu est le ciel de l'idéation, c'est-à-dire des productions de l'esprit humain, dès lors que les prédicats qui le définissent et lui confèrent ainsi sa réalité dérivent, au fond, de l'essence humaine. C'est la pensée de son propre fond, qui imagine une forme de perfection et qu'en même temps elle juge indigne de lui, qui incline l'être humain à opérer un transfert de ses valeurs spirituelles les plus éminentes dans le ciel. Ce faisant, cette objectivation de ses propres « perfections » supposées, regardées, vénérées, comme des valeurs religieuses, celles du christianisme en particulier, s'imposent à l'être humain par-dessus sa propre tête, comme aliénation absolue. Mais ce processus est inconscient. Car la conscience de Dieu, ou l'idée qu'il s'en forme, n'est rien d'autre que la conscience du genre humain, seule espèce, parmi tous les vivants, à avoir une religion. Selon Feuerbach, le Dieu des Chrétiens, qui parle au cœur de l'homme, en tant qu'il est capable d'amour, traduit bien le sens du sentiment humain divinisé. Dès lors, plus le genre humain magnifie l'image spéculaire, la puissance et la beauté de l'idéation, plus il dénigre sa propre nature. En d'autres termes, il s'appauvrit pour enrichir son idéation. Le ciel transcendant de ses idées, de ses valeurs spirituelles, après l'avoir oublié, sans doute, dérive de ces dernières qui, au fond et à l'origine, sont immanentes : elles s'enracinent dans sa matière biochimique. La pensée ou l'idéation subit ainsi une élégante transfiguration en se réifiant soi-même comme l'Etant par excellence, conçu sous la figure de l'unité de l'être et de la pensée.

Ensuite, c'est cette dépréciation de soi, c'est-à-dire de la nature humaine en faveur de sa religion ou, plus exactement de son Dieu, notamment le christianisme, qui a conduit Nietzsche à une critique sans précédent dans l'histoire de la philosophie occidentale. Le christianisme apparaît comme une aliénation dangereuse des consciences par où les prêtres ont pris possession des pouvoirs spirituels et temporels. En cette place singulière et éminente, ils ont entrepris un processus de dogmatisation de la vision du monde, des savoirs ; ce qui a conduit non seulement à une attitude négative face au monde, mais également à un déni total des valeurs de la vie terrestre, du corps, etc. En raison de la suprématie de l'idéation imposée par le christianisme au monde, Nietzsche n'hésite pas à qualifier cette religion de platonisme vulgaire en tant qu'elle se soumet totalement à l'impérialisme de l'idéation. Selon lui, « les états les plus « sublimes » que le christianisme ait suspendus au-dessus de l'humanité comme « valeurs des valeurs » sont des formes épileptoïdes »[96]. Les « Idoles » font la loi dans l'esprit humain et dans les cieux créés par celui-ci. Comment peut-il en être autrement puisque « toutes les valeurs supérieures sont de premier ordre, toutes les notions les plus élevées, l'Etre, l'Absolu, le Bien, le Vrai, la Perfection, rien de tout cela n'a pu être « en devenir », et en conséquence, cela ne *doit* être que *causa sui »*[97] ?

En définitive, qu'il s'agisse de la pensée, de la religion, les conséquences néfastes sont les mêmes : le genre humain se laisse malmener, torturer, humilier par un pouvoir insidieux, perfide, sécrété par le fonctionnement biochimique de son cerveau. En un sens, l'homme est malade de ses propres idées mortifères. Elles règnent souverainement en lui et les religions, en particulier, le christianisme qui participe de ce règne souverain et ces idées mêmes l'ont piégé et l'ont conduit à l'infériorisation de sa nature, à la dégradation de toutes les valeurs issues de celle-ci. Peut-il se libérer de ce joug ? Ne faut-il pas inverser les valeurs instaurées de cette manière si injuste ? Une telle inversion des valeurs suppose beaucoup de sacrifices pour l'être humain lui-même. Il exige surtout le sacrifice des sacrifices, celui de Dieu, qui a surgi du cerveau humain et qui, à partir d'un dehors supposé, et surtout du dedans de lui-même, c'est-à-dire du sein de sa conscience, lui commande impérativement dans ses conduites éthiques et dans toutes ses autres actions. C'est en ce sens que Nietzsche écrit : « jadis on sacrifiait à son dieu des êtres humains, peut-être ceux-là mêmes que l'on aimait le plus [...]. Plus tard, à l'ère morale de l'humanité, on sacrifia à son dieu ses instincts les plus puissants, sa « nature » [...]. Que reste-t-il enfin à sacrifier ? [...] Ne fallût-il pas sacrifier

---

[96] *Antéchrist* § 5, *Œuvres Complètes* (Gallimard NRF, Paris, 1974, p. 215)

[97] *Crépuscules des Idoles* §4, *Œuvres Complètes* (Gallimard NRF, Paris, 1974, p. 77)

Dieu lui-même, par cruauté envers soi, adorer la pierre, la bêtise, la pesanteur, le destin, le néant ? Sacrifier Dieu au néant, ce mystère paradoxal de la suprême cruauté, était réservé à la génération actuellement en marche »[98].

Ainsi, on peut tirer de ces analyses l'idée que la réalité humaine est le produit du développement de la complexion de la Nature ou de la Matière/Energie dont la forme la plus subtile, la plus fine, en d'autres termes la quintessence n'est rien d'autre que les potentialités du cerveau humain sous la forme de l'idéation/conscience ou raison humaine. La bipolarité qui en résulte, corps/esprit, matière/idéation est une simplification de la nature abyssale de l'être humain, qui met ainsi à la disposition de la conscience, cette petite lumière créée dans la nuit de la Nature, par essence si infiniment petite, voire ridicule pour tâcher de comprendre la complexion même. Mais celle-ci ne devrait pas nous conduire à remettre en cause le vaste océan des pouvoirs de notre cerveau. C'est ce que nous essayons de montrer dans les investigations présentes en analysant des dimensions voilées ou appréhendées sous d'autres aspects des sécrétions de notre cerveau. Pour autant, il ne devrait pas être question non plus de tâcher de supprimer la dualité dans la rationalisation de ces mêmes phénomènes, comme le fait Jean-Pierre Changeux en ses propres travaux dans le domaine des neurosciences.

Dès lors, les deux dimensions les plus élégantes du cerveau humain, objets de notre enquête présente, dans leur champ de réalité spécifique, en l'occurrence, la sorcellerie et la science, ne sont pas, dans l'absolu, opposées. Emergées du travail neuronal, des forces de l'ingénierie du cerveau, ésoscience et technoscience fonctionnent seulement de manière différente, comme le montrent, de nos jours, les enquêtes de la police scientifique.

---

[98] *In* Curt Paul Janz : *Nietzsche*-Biographie, tome III (Gallimard N.R.F, Paris, 1985, p.p.202-203)

### 3. Génétique et enquêtes de la police scientifique : les nouveaux visages des pouvoirs ésotériques et sorcellaires à travers les sciences et la technologie

Même si la science ésotérique n'a pas encore totalement disparu de la sphère des pratiques de l'humanité contemporaine, quelle que soit la zone de la terre considérée, et qu'elle a changé de figure dans certains cas, on doit reconnaître qu'on ne jure aujourd'hui que par les prouesses de la science dite moderne qui date, en réalité, pourtant du XVII$^{e}$ siècle européen. Parmi les succès de cette technoscience, fruit de la raison mécaniciste, une autre dimension des pouvoirs du cerveau humain, on note la montée en puissance de la biologie moléculaire dans les enquêtes de la police scientifique.

De nos jours, les enquêtes de la police scientifique fascinent les gens. Qu'il s'agisse de séries policières à la télévision, comme le « R.I.S », « Esprits criminels », etc., ou des ouvrages scientifiques et de leur vulgarisation, on est en présence d'un phénomène qui paraît nouveau aux yeux des non avertis, en raison du qualificatif « scientifique » qu'on lui accorde. Ainsi, l'ouvrage de Ngaire E. Genge et de Paul Benita, *Police scientifique*, (Edit. « J'ai lu », Paris) a connu un grand succès de librairie aux Etats-Unis avant de se répandre dans le reste du monde. Les auteurs s'emploient à montrer la manière de sécuriser une scène où un crime a eu lieu. En ce lieu, ils indiquent comment identifier les traces de sang, relever les empreintes du corps comme celles des mains, des pieds, des oreilles, voire des lèvres. Ils dévoilent même la manière d'interpréter la décomposition d'un cadavre. Les enquêteurs spécialisés en ce domaine effectuent des examens de poils, des fibres des habits.

Dans cette même perspective, Richard Platt et Alex Nikolavitch (*Scène de crime*, Tournon, Paris 2007), entre autres ouvrages relatifs à la police scientifique, décrivent les équipements scientifico-technologiques dont les enquêteurs font usage dans leurs recherches sur les lieux du crime et les analyses qu'ils effectuent par après dans leurs laboratoires. Les auteurs de ce livre dévoilent la complexité du processus de l'identification d'un sujet humain : les procédures subtiles d'autopsie, les informations relatives aux dossiers dentaires, aux séquences d'ADN, aux empreintes digitales, à l'aspiration des fluides corporels du mort, etc. Dans le livre de Richard Marbet, *Les Experts,* préface de Christophe Houdelatte (Favre, Paris 2007), il est question, entre autres données sur ce sujet, de la manière dont la police scientifique est en mesure de faire parler la matière et l'ensemble des phénomènes ou faits qui touchent de près tant aux crimes qu'aux criminels eux-mêmes, etc.

Certes, de nos jours, la police scientifique a amplifié, diversifié ses domaines d'investigation dans la recherche d'un criminel par exemple. Ainsi, dans le domaine de la balistique, elle s'emploie à étudier les déterminations des trajectoires de tir, les divers types d'armes, les munitions. Dans le cadre des traces-témoins, elle examine des documents, effectue des études comparatives, analyse les écritures manuscrites, voire dactylographiques quand de tels objets techniques existaient encore. Dans ces champs d'investigation dite scientifique ou technico-scientifique, les ésosciences ou sciences premières et intemporelles ignoraient et ignorent toujours de tels procédés, un tel savoir-faire. En revanche, elles ont une prééminence, dans le domaine de la biologie, sur la science contemporaine. En d'autres termes, la connaissance ésotérique des traces biologiques, comme le sang, le sperme pour détecter le profil génétique d'un individu est bien plus antérieure à l'empire contemporain de l'ADN, avec des méthodes plus simples. Aujourd'hui, on arrive à ces mêmes résultats parce que la biologie a découvert que les empreintes digitales, par exemple, se forment très tôt chez l'embryon. Mieux encore, elles se conservent telles quelles chez chaque individu en lui conférant ainsi des caractéristiques uniques durant toute sa vie. Même chez les vrais jumeaux, ces empreintes sont un moyen d'identification spécifique en tant qu'elles sont la marque de leur originalité, de leur identité singulière. Tout se passe donc comme si les éso-sciences le savaient depuis l'Antiquité sans avoir théorisé ni enseigné toutes ces données, ces découvertes et ces savoirs appliqués efficacement.

Autrement, ce qui est commun aux deux genres de sciences, ce sont les points suivants : d'abord, on le sait désormais, les investigations de la police scientifique, qui traquent sans répit les criminels par les empreintes digitales, quelques cheveux, les fibres de vêtements, etc., peuvent aisément confondre un meurtrier. Cette police recherche aussi les saletés qui s'incrustent dans les chaussures et qui sont, ainsi, en mesure de prouver la présence d'un suspect sur le lieu d'un crime. Le procédé d'analyse est le suivant : on utilise un test au luminol qui permet immédiatement de détecter les traces de sang en les rendant fluorescentes ; et ceci s'obtient même si le meurtrier a tenté d'effacer les taches qui sont de nature à le compromettre. Les polices scientifiques comptent aujourd'hui près de 30 produits chimiques pour relever des traces de criminels, de personnes disparues que l'on recherche.

Certes, à l'inverse de la police scientifique dont les procédés d'analyse et d'investigations peuvent être rendus publics ou connus par le biais des ouvrages publiés, pour peu qu'on s'y intéresse, les ésosciences qui sont opératoires dans leurs domaines - une cible visée est rarement ratée - gardent, comme leur nom l'indique, leurs secrets par-devers elles. Nonobstant ce, elles exigent de quelqu'un, qui veut sonder ce monde suprasensible, qu'il soit initié dans leur univers pour accéder aux secrets de la connaissance du vivant et opérer avec assurance et efficacité sur lui, s'il y a lieu.

Il en va autrement de la police scientifique qui nécessite aussi plusieurs années d'études et une spécialisation fine en biologie moléculaire, en chimie, etc. En outre, leurs données sont connaissables par quiconque s'y intéresse. La part opaque réside essentiellement dans les méthodes d'analyse, les procédés utilisés, voire la nature des produits mis en jeu pour arriver à des résultats incontestables, etc. Ainsi, si on s'en tient aux ouvrages précités, voire aux séries télévisées de la police scientifique, on peut donner un aperçu de sa méthode d'analyse. Il en ressort qu'à partir des cellules qu'on trouve dans une goutte de sang ou de sueur, les spécialistes qui travaillent sur les machines, voire les informaticiens sont en mesure d'établir une carte d'identité génétique infalsifiable de quelqu'un. L'ADN est une molécule qu'on trouve dans chaque cellule de notre organisme, nous apprend la biologie moléculaire. Il contient des caractéristiques infinies de chacun de nous, comme la couleur des yeux. On dénombre 30.000 formules dans l'organisme, mais qui sont séparées les unes des autres par des morceaux d'ADN dont on ignore, jusqu'à présent, les raisons ou qui semblent être dénuées de fonction spécifique, selon André Langaney[99].

Ce sont justement ceux-ci qui attirent l'attention de la police scientifique. On sait qu'ils sont de longueur identique dans toutes les cellules d'un même individu ; mais ils diffèrent d'un individu à l'autre. C'est donc à partir de ces

---

[99] Selon André Langaney, généticien, professeur des théories et mécanismes de l'évolution au Muséum National d'Histoire Naturelle de Paris, non seulement les gènes constituent la structure essentielle du vivant, mais en outre la science ne sait pas encore tout à leur sujet. En effet, écrit-il, « si de nombreux gènes ont été à ce jour identifiés, nous ignorons presque tout sur leur matériel génétique qui contrôle les caractères « quantitatifs » tels que les dimensions, les formes, les intensités de pigmentation, les rythmes ou les concentrations chimiques dans les organismes… » (*La philosophie biologique,* Belin, Paris 1999, p.16)

données génétiques que la police scientifique va, par des processus biotechnologiques complexes, analyser soit une goutte de sang, soit de la sueur et aboutir à un résultat irréfutable. Il suffit de mettre un rejet quelconque du corps dans un bocal ou un tube contenant du détergent qui fait voler en éclats les cellules dont on récupère l'ADN en morceaux. On s'emploie par après à repérer des régions grâce à des marqueurs fluorescents. Ces régions – pour le moment, il y en aurait 7 - sont conformes aux morceaux de la molécule variant d'un individu à l'autre. On y introduit une enzyme qui a pour fonction de dupliquer ces dites régions d'ADN. Au terme d'un certain temps, on peut avoir environ cent millions d'exemplaires de ces zones en question.

Le processus d'identification ne s'arrête pas là : mis dans un gel, on s'aperçoit que ces duplicats ne bougent pas à la même vitesse : les zones d'ADN qui semblent les plus grosses ou les plus lourdes, cela va de soi, se meuvent plus lentement que les plus petites ou les plus légères. Soumis par après au calcul d'un ordinateur, au bout d'un certain temps, celui-ci peut établir, suivant l'espace parcouru, la taille spécifique de chacune des sept zones des morceaux d'ADN en question. Si on dispose de l'ADN d'un suspect dans le cadre d'un crime, ou d'une personne disparue qu'on recherche, la police scientifique va alors comparer le résultat des analyses avec l'ADN de l'individu suspecté ou recherché. Le verdict est sans appel, donc irréfutable, selon les données de la police scientifique[100].

On le voit, les processus de la police scientifique sont lourds, complexes et longs. Sans la médiation des machines, comme les ordinateurs, les appareils d'analyse, les

[100] On peut mieux s'instruire se ce point en lisant les livres de la police scientifique traitant de ces données comme E.Genge et de Paul Benita (*Police scientifique*), Richard Platt et Alex Nikolavitch (*Scène de crime*), entre autres travaux.

microscopes sophistiqués, etc., et d'agents spécialisés dans l'usage de ceux-ci, la police scientifique serait impuissante. Réduite à elle-même, elle n'est rien et n'obtient rien. Son succès et son efficacité, objets d'admiration et d'enchantement de nos jours, sont fondés sur l'usage d'une technologie complexe et sophistiquée, voire de produits chimiques élaborés. Mais c'est toujours, en dernier ressort, la machine qui analyse et rend un verdict.

En revanche, les ésosciences n'ont pas besoin d'un tel protocole mécanique pour opérer dans son champ spécifique. En ce sens, elles paraissent plus discrètes, même si celles-ci, autant que la police scientifique, usent des pouvoirs spécifiques du cerveau humain soit dans son effectivité soit dans ses potentialités, suivant des sphères de réalité différentes. Appelons celles-ci les interespaces qui lui sont inhérents, avec leurs possibilités propres, leurs champs de réalité intrinsèque. C'est en raison de la complexité de ce phénomène humain que la science contemporaine doute de plus en plus d'elle-même : elle se demande ce qu'elle sait justement du monde humain et physique. Son credo est désormais l'incertitude, le doute et non les savoirs dogmatiques et universels. En ce sens, la science contemporaine est moins ambitieuse, moins orgueilleuse qu'autrefois, c'est-à-dire qu'au XIXe siècle, par exemple.

## 4. La déroute de la science contemporaine ou les limites de l'esprit scientifique

L'un des plus brillants génies de la science de la France moderne est, sans conteste, Claude Bernard, fondateur et révolutionnaire de la médecine scientifique. Celui-ci avait compris deux faits dans la genèse de la civilisation. D'abord, il pose que la nécessaire unité de l'esprit de la philosophie – laquelle est la mère génitrice de la quasi-totalité des disciplines dites scientifiques enseignées dans les écoles et les universités - et de la science doit se poursuivre à travers le temps, comme ce fut le cas au cours des siècles antérieurs, c'est-à-dire depuis l'émergence de la raison philosophique en Grèce à partir du VII^e^-VI^e^ siècle avant J-C. Car, selon lui, la philosophie et la science s'éclairent mutuellement et se nourrissent réciproquement. C'est en ce sens qu'il écrit : la philosophie et la science « doivent être unies sans vouloir se dominer l'une l'autre. Leur séparation ne pourrait être que nuisible aux progrès des connaissances humaines. La philosophie tendant sans cesse à s'élever, fait remonter la science vers la cause ou vers la source des choses. Elle montre qu'en dehors d'elle il y a des questions qui tourmentent l'humanité, et qu'elle n'a pas encore résolues. Cette union de la science et de la philosophie est utile aux deux, elle élève l'une et contient l'autre »[101].

Ensuite, dans cette perspective, ce brillant esprit, pétri d'humanisme et de classicisme, a beaucoup milité en faveur de l'esprit libre, indépendant de tout système de pensée clos sur soi qui se prend vite pour le nombril du monde, voire le centre de la vérité et de l'univers. L'esprit de système est forcément dogmatique de par son étymologie même. En effet, le mot système dérive du grec *systema* ou assemblage de parties en un corps, voire en un ensemble. C'est plus précisément un ensemble organisé d'éléments interdépendants. Le système étant une construction théorique élaborée par l'esprit, pour rendre compte d'un domaine du réel, pour le représenter dans son ensemble, comme le système de Descartes, de Hegel ou de Newton, Claude Bernard pense qu'il fait vite basculer les penseurs, philosophes et scientifiques notamment, dans l'illusion qu'un individu est à lui seul détenteur de la vérité. Celle-ci, si elle existe et si elle est atteignable par quelque effort de l'intelligence humaine, n'est pas enfer-

[101] *Introduction à l'étude de la médecine expérimentale* (Flammarion « Champs », Paris 1984, p.309)

mée dans un système quel qu'il soit ; elle est partout et elle se tient à l'horizon et devant tout scientifique et tout philosophe qui entreprend de gravir l'échelle de la raison humaine en quête de celle-ci.

Dès lors, l'esprit de système est une négation de la liberté humaine dans sa quête du dévoilement des phénomènes. Pire, il est l'obstacle épistémologique par excellence puisqu'il s'agit d'une « tendance qui porte les diverses connaissances à s'individualiser dans les systèmes ». Car les systèmes ont tendance, comme par une inclination naturelle, « à asservir l'esprit humain ». C'est en ce sens que Claude Bernard s'engage ouvertement à lutter contre l'esprit de système en science et en philosophie pour libérer la vérité de cette gangue qui l'étouffe, en soutenant à juste titre qu'« il faut chercher à briser les entraves des systèmes philosophiques et scientifiques, comme on briserait les chaînes d'un esclavage intellectuel. La vérité, si on peut la trouver, est de tous les systèmes, et, pour la découvrir, l'expérimentateur a besoin de se mouvoir librement de tous côtés sans se sentir arrêté par les barrières d'un système quelconque. La philosophie et la science ne doivent donc pas être systématiques »[102].

Claude Bernard aborde ainsi le problème fondamental des limites de la pensée, de la théorie rationnelle en parlant des « chaînes d'un esclavage intellectuel », des « barrières d'un système » qui empêchent la science et la philosophie de se mouvoir librement dans les champs des savoirs et de la complexité des réalités physiques et humaines. Tout se passe comme si l'esprit de système l'emportait objectivement sur le souci de la recherche libre de la vérité, si celle-ci existe ; à tout le moins, sur la quête d'une meilleure connaissance des phénomènes. Si on est obligé de penser suivant les exigences, l'éthique, les principes d'une école de pensée, d'un grand maître, il appert qu'on ne peut pas connaître réellement

---

[102] Ibidem, p.309

les phénomènes par sa propre intelligence. On se contente plutôt de répéter les mêmes vues étroites émergées de cerveaux parfois creux.

C'est, de nos jours, ce que démontre un historien des sciences comme Thomas Kuhn. Selon cet auteur, on a tendance à croire que le fondement théorique d'une science se dessine toujours avec clarté et évidence dans l'esprit du chercheur. Cet historien des sciences réfute cette vision simpliste des choses pour les raisons suivantes : d'abord, les travaux d'un chercheur se déroulent dans l'espace d'un modèle de pensée ou paradigme scientifique dont il n'a pas totalement conscience. Ce paradigme, c'est-à-dire la façon de traiter les problèmes partagés par une communauté de chercheurs, fonctionne en vertu des présupposés à la fois théoriques et pratiques, voire éthiques. Ceux-ci conditionnent sa pratique quotidienne, déterminent les types de problèmes à résoudre, voire la manière de les traiter. Ensuite, dès lors que le chercheur n'est pas conscient de ces cadres intellectuels qui conditionnent sa démarche dans ses investigations, voire dans sa théorie et sa pensée, il ne peut remettre en cause ce paradigme même tant qu'il y effectue toujours ses recherches.

En ce sens, selon Thomas Kuhn, l'histoire des sciences n'est pas une montée graduelle vers des théories plus claires, comme on a tendance à le croire. Car pour déstabiliser un cadre de pensée, il faut que se produise une crise, un phénomène qui est, en soi-même, irrationnel. On comprend, dans ce cas, que « les scientifiques parlent alors souvent d'« écailles qui leur sont tombées » des yeux ou d'un « éclair » qui les a « inondés de lumière » : une énigme jusque-là obscure, les rendant aptes à recevoir ces éléments sous un jour nouveau qui, pour la première fois, permet sa solution »[103]. Ainsi, cette crise s'apparente à un

[103] *Structures des révolutions scientifiques* (trad. Par L. Meyer, Paris, coll. « Champs Flammarion », Paris, p. 172)

changement du paradigme semblable à la révélation de Newton ou d'Einstein, etc., conduisant à une révolution scientifique. En somme, on pourrait dire que le progrès des sciences dérive d'une anomalie et non de la science dite normale elle-même.

Ce terme même de la science normale ou de la science tout court pose problème, selon Einstein et Infeld. Ces auteurs posent, dans leur livre, *L'évolution des idées en physique,* l'incontournable et essentiel problème épistémologique de la vérité scientifique. La thèse qu'ils y défendent est la suivante : comme il est impossible à l'intelligence humaine de confronter directement les théories qu'elle construit continûment avec la réalité elle-même dont on ignore, d'ailleurs, ce qu'elle est elle-même en dehors de nos schémas de représentation conceptuelle, elle ne dispose d'aucun moyen pour décider si une théorie, en physique ou dans d'autres champs de la science, est plus vraie qu'une autre. Ainsi, nous avons l'assurance que la mécanique classique, c'est-à-dire l'étude du mouvement, fondé sur le modèle newtonien s'adapte, par la vérité qu'elle construit, à la nature des phénomènes. Ce faisant, nous oublions très vite que nous n'avons affaire qu'au miroir de la raison. En d'autres termes, entre la nature nouménale des choses et l'intelligence humaine elle-même, c'est-à-dire la conscience que nous en avons, il y a les modèles de représentation mathématique de la raison, si bien que, ce que nous connaissons effectivement, ce n'est pas tant la matière en soi qui s'apparente davantage à un réservoir d'énergie, à un champ d'énergie selon Einstein, voire au résultat d'un processus d'énergie. Pire, l'essence réelle de celle-ci est pour nous un mystère et une énigme. La Matière n'existe pas en réalité, et il n'y a pas de vérité à son sujet en tant qu'elle est considérée comme le seuil d'une certaine densité d'énergie. D'où les propos justes d'Einstein et d'Infeld au sujet de la vérité scientifique : « C'est en réalité tout notre système de conjectures qui doit être prouvé ou réfuté par l'expérience… Dans le cas des planètes qui se meuvent autour du soleil, on trouve que le système est remarquablement opérant. Nous pouvons néanmoins imaginer un autre système, basé sur des suppositions différentes, qui soit opérant au même titre.

Les concepts physiques sont des libres créations de l'esprit humain et ne sont pas, comme on pourrait le croire, uniquement déterminés par le monde extérieur ».

Les auteurs vont se fonder sur une métaphore pour montrer que l'intelligence humaine reste étrangère au monde qu'elle essaie de comprendre. Comme elle ne peut le représenter, ni l'observer qu'à travers l'œuvre conceptuelle et mécanique de la Raison techniciste, une telle impuissance doit conduire tout chercheur, tout scientifique à une attitude d'humilité. Désormais, il ne s'agit plus de prétendre avoir accès à la vérité de la matière, mais d'adopter une croyance rationnelle selon laquelle il est possible d'éclairer toujours davantage les zones d'ombre de l'univers sans assurance que celui-ci dévoilerait un jour ses secrets ultimes à l'espèce humaine. C'est en ce sens qu'ils écrivent encore : « dans l'effort que nous faisons pour comprendre le monde, nous ressemblons quelque peu à l'homme qui essaie de comprendre le mécanisme d'une montre fermée. Il voit le cadran et les aiguilles en mouvement, il entend le tic-tac, mais il n'a aucun moyen d'ouvrir le boîtier. S'il est ingénieux, il pourrait se former quelque image du mécanisme, qu'il rendra responsable de tout ce qu'il observe, mais il ne sera jamais sûr que son image soit la seule capable d'expliquer ses observations… mais le chercheur croit certainement qu'à mesure que ses connaissances s'accroîtront, son image de la réalité deviendra de plus en plus simple et expliquera des domaines de plus en plus étendus de ses impressions sensibles. Il pourra aussi croire à l'existence d'une limite idéale de la connaissance que l'esprit humain peut atteindre. Il pourra appeler cette limite idéale la vérité objective »[104].

C'est dans cette même perspective que s'inscrivent les analyses d'un contemporain d'Einstein, en l'occurrence, Max Planck. Selon lui, donner une description parfaite du réel est le but à jamais inaccessible de la science. Ce physicien pense que le monde réel est quelque chose qui se situerait au-delà de toute expérience, que le scientifique, soit en physique classique, soit en physique quantique, cherche à atteindre. Mais, comme le Sacré Graal que des alchimistes recherchaient désespérément au Moyen Âge, et dont la légende nous dit qu'il était aussi le but de la quête de quelques chevaliers illuminés, jamais le scientifique ne pourra vraiment l'atteindre, même s'il a l'impression, à travers ses constructions rationnelles, de s'en rapprocher indéfiniment. D'où les remarques suivantes de Max Planck, à propos de la quête de la vérité en science : « le but, c'est la création d'une image du monde avec des éléments réels qui n'aient plus à réclamer de perfectionnement et représentent aussi l'ultime réalité. L'acquisition effective de ce but ne sera et ne pourra jamais être nôtre. Mais, en vue de pouvoir au moins lui donner un nom, et pour le moment, nous appelons la réalité ultime « le monde réel », dans le sens absolu, métaphysique du mot réel. Ce que l'on doit interpréter comme exprimant le fait que le monde réel – en d'autres termes, la nature objective – se dresse derrière tout ce qui est explorable »[105].

Ce débat sur les limites de la raison scientifique dans sa prétention à tout connaître n'est pas, pour autant, clos avec les grandes figures et fondateurs de la science contemporaine. Il se poursuit encore en ce début du XXIe siècle. En

---

[104] *L'Evolution des idées en physique* (P.B.P., Paris 1963, p.p.34-35)
[105] *Autobiographie scientifique et derniers écrits* (Trad. Par A. George, A. Michel, 1960, p.145)

effet, dans un livre lumineux, *Le monde s'est-il créé tout seul*, Patrice Van Eersel a eu l'intelligence de s'entretenir avec quelques esprits éminents contemporains sur les questions fondamentales de la science d'aujourd'hui. On retient l'idée que la science, loin de nous éclairer sur tout, nous renvoie à nos limites infranchissables ; en d'autres termes, à notre ignorance essentielle, rédhibitoire même sur la nature des phénomènes. Reprenant la célèbre formule de Socrate « je ne sais qu'une chose, c'est que je ne sais rien », la science nous amène à comprendre, enfin, et même à savoir que nous ne savons rien.

Ainsi, d'après l'un de ces grands esprits, en l'occurrence, Trinh Xuan Thuan, prix Nobel de physique, spécialiste de la formation et de l'évolution des galaxies, notamment des galaxies naines, même si on peut reconstruire le temps sur environ dix milliards d'années, on finira par prendre conscience de l'évidence de notre ignorance relative à la naissance des galaxies. En outre, écrit-il, « la masse noire » découverte par l'astronome suisse-américain Fritz Zwicky en 1933 constitue, en effet, l'un des plus grands mystères de l'astrophysique contemporaine. A cela est venu s'ajouter le mystère de l'« énergie noire » découverte en 1998, qui fait que l'expansion de l'univers, au lieu de décélérer, est en accélération. Ainsi, nous vivons dans un univers - iceberg dont la partie émergée est minuscule. En effet, la partie visible de l'univers, les étoiles et les galaxies qui brillent, ne constituent qu'une infime partie (0,5%) du contenu total, en masse et énergie, de l'univers » (p.33). Selon cet astrophysicien, cette « matière noire » elle-même est estimée à 26,5% du contenu global de l'énergie et de la matière de l'univers. Ainsi, dans notre propre univers, excepté, par hypothèse, les autres qui constituent le « multivers », si on estime à 0,5% la partie lumineuse ou visible ou potentiellement visible, à 26,5% la partie noire, alors on ne connaît que 27%, c'est-à-dire à peu près le quart du contenu global de l'univers pour nous et non en soi-même.

Par ailleurs, selon ce dernier auteur, depuis le théorème de Kurt Gödel (1931), le principe d'« incomplétude logique » qui pose qu'« un système d'arithmétique cohérent et non contradictoire contient toujours des propositions « indécidables », c'est-à-dire des propositions mathématiques dont on ne peut jamais dire par le seul raisonnement logique s'ils sont vrais ou faux », la raison scientifique découvre ses propres limites. Une telle prise de conscience contemporaine des bornes infranchissables de la science réfute absolument la vaniteuse raison des philosophes grecs qui pensaient et/ou croyaient résoudre tous les problèmes que l'entendement humain se pose. Cependant, reconnait encore Trinh Xuan Thuan « la science, à mesure qu'elle progresse, s'est rendu compte que la raison ne peut pas aller au bout du chemin dans certains cas » (p.61). Car le théorème de Gödel a montré que la raison philosophique, c'est-à-dire la pensée rationnelle, possède des limites indépassables. Donc, pour aborder et non pas forcément pour connaître les problèmes inhérents au monde physique en général, et la Réalité humaine en particulier, la science seule ne suffit plus. Il est donc nécessaire de faire appel à d'autres modes de connaissance, qui lui sont complémentaires, pour mieux pénétrer les mystères et la complexité des phénomènes humains notamment. Telle est la position que nous avons adoptée dans le cadre de nos investigations présentes. Même si nous ne pouvons pas totalement nous passer de la raison philosophico-scientifique, nous veillerons à éviter qu'elle nous enferme dans ses vues étroites, schématiques, très vite obscurantistes et dogmatiques.

# CONCLUSION

## La quête indéfinie de la science et la prise de conscience de sa méconnaissance essentielle de la nature complexe des phénomènes humains

En définitive, l'être humain peut-il avoir un jour une idée exacte de ce qu'est la structure du monde physique qui nous a faits, nous contient en tant qu'éléments, à titre provisoire ? Car il est entendu qu'au fur et à mesure qu'il avance ou, à tout le moins, qu'il construit des théories rationnelles pour en rendre compte, dans les deux dimensions de ce monde physique, à savoir l'infiniment grand et l'infiniment petit, ses idées deviennent confuses faute de concepts adéquats pour traduire exactement ce qui se dévoile sous ses yeux à travers la perception débile de ses instruments technologiques. En réalité, il semble établi, à présent, que les modèles d'intelligibilité mathématiques de l'univers paraissent de plus en plus, aux esprits compétents qui les bâtissent, de superbes illusions, des rêves éveillés. Mais, l'esprit humain, comme le conçoit fort bien Brian Greene, étant habité par l'impulsion de la curiosité indéfinie de savoir, oublie vite « cette limite idéale » dont parle Einstein pour se lancer dans la conquête qui le conduit à croire qu'il arriverait à lever le voile sur la réalité nouménale.

Selon Brian Greene, « la connaissance des lois fondamentales de l'Univers est une de ces quêtes typiquement humaines qui torturent l'âme et enrichissent l'esprit. La description si vive d'Einstein cherchant à comprendre la gravitation – « les années de recherches anxieuses dans le noir, emplies d'un espoir intense, l'alternance entre certitude et épuisement, et finalement l'émergence à la lumière » - résume à elle seule cette lutte acharnée. Nous sommes tous, chacun à sa manière, des chercheurs de vérité, et nous espérons tous comprendre pourquoi nous sommes là. Tandis que s'échafaude collectivement la montagne de ces explications, chaque génération se hisse sur les épaules de la précédente, et tente vaillamment d'atteindre le sommet… Mais, à mesure que chaque génération s'élève un peu plus haut, nous comprenons mieux le sens de ces paroles de Jacob Bronowski : « A chaque âge correspond une étape décisive, une nouvelle façon de voir et de juger la cohérence du monde » »[106].

En dernier ressort, les sciences de la raison mécaniciste des temps modernes et les ésosciences issues des sagesses, des pratiques et des savoirs antiques ont quelque chose de ressemblant et de divergent. Elles se ressemblent en ce que, dans leurs champs respectifs, il y a un esprit commun et un organe universel, en l'occurrence le cerveau humain. En effet, tous les esprits compétents dans les savoirs de la raison mécaniciste s'accordent sur les principes généraux, tels que les mathématiques, les modèles mécaniques, l'expérimentation, le mode de validation, etc., de leurs sciences, quels que soient leur origine, leur pays, leur continent, etc. Dans les ésociences, après des études ou une initiation ad hoc, les procédures de mise en branle des forces de la Nature sont assez semblables. En revanche, elles diffèrent en ce sens que, dans les premières, la lu-

[106] *L'Univers élégant*, préface de Trinh Xuan Thuan (Robert Laffont, Paris 2000, p.420, traduit par Céline Laroche).

mière, ou une meilleure intelligence des phénomènes de la Nature, est un lent processus à travers le temps non par accumulation des savoirs, comme on le pense ordinairement, mais par crises, par révolutions ou éclatement des paradigmes étouffants et/ou obscurantistes comme Thomas Kuhn l'a pensé. Quant aux secondes, elles sont tout ce qu'elles doivent être, c'est-à-dire comme savoirs autosuffisants et auto-éclairants dans leur univers spécifique, à travers le temps et dans l'espace.

# RÉFÉRENCES BIBLIOGRAPHIQUES


ALLÈGRE Claude (1987) : *12 Clés pour la géologie* (Belin/Sciences, coll. « Regards », Paris)

Bamony Pierre (2004) : *Structure apparente, structure invisible : l'ambivalence des pouvoirs chez les Lyéla du Burkina Faso-Une anthropologie des forces de la psyché chez une population de l'Afrique noire* – (Thèse d'anthropologie sociale et d'ethnologie-Nouveau Régime-, ANRT, Université de Lille)

(2009) : *Des pouvoirs réels du sorcier africain-Forces surnaturelles et autorités politiques chez les Lyéla du Burkina Faso-* (L'Harmattan, Paris)

Bernand André (1991) : *Sorciers Grecs* (Fayard, Paris)

Bernard Claude (1984) : *Introduction à l'étude de la médecine expérimentale* (Flammarion, « Champs », Paris)

*Bible* (*La Sainte Bible)* (1937, par Louis Segond, Paris)

Bonte Pierre et Izard Michel (Sous la direction de) (2004) : *Dictionnaire de l'ethnologie et de l'anthropologie* (PUF, coll., « Quadrige Dicos Poche », Paris)

*Bordas* (1986) *: Dictionnaire de la langue française*

Cai Hua (2000) : *Une société sans père ni mari-Les Na de Chine-* (PUF, coll, « Ethnologies », Paris)

Camus Dominique (2001) : *La sorcellerie en France contemporaine* (Edit. Ouest-France)

Changeux Jean-Pierre (2006) : *L'homme neuronal* (Hachette/Littérature, coll. « Pluriel/Sciences », Paris)

(2008) : *Du Vrai, du Beau, du Bien* (O. Jacob/Sciences, Paris)
Cicéron (1937) : *De la divination* (trad. Appuhn, Garnier, Paris)
Chauviré Christiane (1980) : *L'essayeur de Galilée* (Belles Lettres, Paris)
Chevalier Jean, Gheerbrant Alain (2002) : *Dictionnaire des symboles* (Robert Laffont/Jupiter, Coll., « Bouquins », Paris)
David-Neel Alexandra (1980) : *Mystiques et magiciens du Tibet* (Plon, coll, « Presses Pocket », Paris)
Descartes René (1984) : *Méditations métaphysiques* (UGE, coll, « 10-18 », Paris)
*Dictionnaire* (1970) (Le Petit Robert, Paris)
Diderot Denis (1972) : *Lettre sur les aveugles* (Garnier Flammarion)
Diodore de Sicile (1851) : *Histoire universelle* – Traduction de L'Abbé Terrasson - (Adolphe Delahays, Librairie, Paris)
Duhem Pierre (1989) : *La théorie physique-son objet, sa structure-* (J. Vrin, Paris)
Duval Maurice ((1985) : *Un totalitarisme sans Etat-Essai d'anthropologie politique à partir d'un village d'un village burkinabé-* (L'Harmattan, coll. « Connaissance des hommes », Paris)
Einstein A. et Infeld (1963) : *L'Evolution des idées en physiques* (P.B.P., Paris)
Epicure (1987) : *Lettres et Maximes* –texte établi et traduit par Marcel Conche (PUF, coll, « Epiméthée », Paris)
Evans-Pritchard E.E. (1972) : *Sorcellerie, oracle et magie chez les Azandé* (Gallimard, coll. « Sciences humaines », Paris)
Feuerbach Ludwig (1982) : *L'essence du christianisme* (La Découverte, Paris)
Favret-Saada (1977) : *Les mots, la mort, les sorts* (Gallimard, coll, « Folio/Essais »Paris)

Gabut Jean-Jacques (1999) : *La magie traditionnelle* (Dangle, coll, « Grand angle/Symbolismes, Paris)
Genge Ngaire et Benita Paul (2007) : *Police scientifique* (Edit. « J'ai lu », Paris)
Goldsmidt Victor (1947) : *Les dialogues de Platon : Structure et méthode dialectique* (PUF, Paris)
Greene Brian (2000) : *L'univers élégant*-Préface de Trinh Xuan Thuan- (R. Laffont, Paris)
Husserl Edmund (1987) ; *La crise de l'humanité européenne et la philosophie*-Trad. P. Ricoeur- (Aubier, Paris)
Hamès (Sous la direction de) (2007) : *Coran et Talismans-Textes et pratiques en milieu musulman* (Karthala, Paris)
Jacob François (1987) : *La logique du vivant-Une histoire de l'hérédité-* (Gallimard, coll, « Tel », Paris)
(1979) : *Le Darwinisme aujourd'hui* (Seuil, coll, « Points », Paris)
Janz Curt Paul (1985) : *Nietzsche*-Biographie-Tome III (Gallimard NRF, Paris)
Jung Karl Gustav (1979) : *L'homme à la recherche de son âme* (P.B.P., Paris)
(2006) : *Métamorphoses de l'âme et ses symboles* (Librairie générale française, coll, « Le livre de Poche », Paris)
(1993) : *L'Energétique psychique* (Georg Editeur-Librairie Générale française, coll, « Livre de Poche »
Kapriscinski Ryszard (2000) : *Ebène-Aventures africaines-* (Plon, coll, « Feux croisés », Paris)
Kuhn Thomas (1992) : *Structures des révolutions scientifiques*-trad. Par L ; Meyer, (Champs/Flammarion, Paris)
Langaney André (1999) : *La philosophie biologique,* (Belin, Paris)
Laurent Emmanuel, De Rafelis Marc, Pasco Ariano (2007) : *Géologie* (Dunod, Paris)

Lévi-Strauss (1962) : *La Pensée sauvage* (Agora, Presses Pocket, Paris)

Marbet Richard (2007) : *Les Experts* (Favre, Paris)

Mary André ((1983) : *La naissance à l'envers, essai sur le rituel Bwiti Fang,* (L'Harmattan, Paris)

Mauss Marcel (2000) : *Sociologie et anthropologie* (P.U.F., coll, « Quadrige », Paris)

Monod Jacques (1970) : *Le hasard et la nécessité* (Seuil, coll, « Points », Paris)

Nagel S. F. (1971) : *Byzance noire-Le royaume des Nupé du Nigeria-* (F. Maspero, coll, « Bibliothèque d'anthropologie », Paris)

Neihardt John (1977) *Elan Noir – Mémoires d'un Sioux –* Traduit de l'américain par Jean-Claude Muller – (Stock, Paris)

Nietzsche F. (1971) : *Par-delà le bien et le mal* (Idées/Gallimard, Paris)

(1975) : *Le gai savoir* (Idées/Gallimard, Paris)

(1974) : *Antéchrist, Œuvres Complètes* (Gallimard NRF, Paris)

(1974) : *Crépuscules des Idoles, Œuvres Complètes* (Gallimard NRF, Paris)

Ninio Jacques (1991) : *L'empreinte des sens* (O. Jacob, coll, « Points », Paris

Ortigues Marie-Cécile et Edmond (1973) : *Œdipe africain* (Plon, coll, « 10-18 », Paris)

*Les penseurs Grecs avant Socrate-De Thalès de Milet à Prodicos* (1964) –Traduction, introduction et notes par Jean Voilquin (Garnier Flammarion, Paris)

Planck Max (1960) : *Autobiographie scientifique et derniers écrits* -Trad. Par A. George- (A. Michel, Paris)

Plat Richard, Nikolavitch Alex (2007) : *Scènes de crimes* (Encyclopédie de la Police scientifique, Paris)

Platon (1966) : *La République* (Garnier/Flammarion, Paris)

(1998) : *Le Banquet* (Garnier/Flammarion, Paris)

(1967) : *Ménon* (Garnier/Flammarion, Paris)
(1967) : *Phédon* (Garnier/Flammarion, Paris)
(1967) : *Phèdre* (Garnier/Flammarion, Paris)
Pradelles de La tour Charles Henry (1997) : *Le crâne qui parle-Ethnopsychanalyse en pays bamiléké,* (E.P.E.L., Paris)
Prigogine Ilya et Stengers Isabelle (1973) : *La nouvelle Alliance : métamorphose de la science* (Gallimard, Paris)
Rey Alain (Sous la direction de) (1998) : *Dictionnaire de la Langue Française* (Le Robert, Paris)
Ricoeur Paul (1960) : *Philosophie de la volonté* (Aubier, Paris)
Rosnay (de) Joël (1990) : *Les origines de la vie* (Seuil, coll, « Points », Paris)
Rosny (de) Eric (1981) : *Les yeux de ma chèvre* (Plon, coll. « Terre humaine », Paris)
Schumann Antelme Ruth, Stéphane Rossi (2007) : *Nout-Le Cosmos des Pharaons*-Préface de Trinh Xuan Thuan- (Edit. du Rocher, Paris)
Spinoza Baruch (1974) : *Ethique* –Présentation Henri Lurié (Edit. du Rocher, Paris)
Surgy (de) Albert (1995) : *La voie des fétiches-Essai sur le fondement théorique et la perspective mystique des pratiques des féticheurs-* (L'Harmattan, Paris)
Tammet Daniel (2010) : *Embrasser le ciel immense-Les secrets du cerveau des génies-* (Editions « J'ai lu », Paris)
Teilhard (de) Chardin Pierre (1976) : *Le cœur de la matière* (Seuil, Paris)
Trinh Xuan Tuan, Ilya Prigogine, Albert Jacquard, Joël de Rosnay, Jean-Marie Pelt, Henri Altan (2008) : *Le Monde s'est-il créé tout seul ?* (A. Michel, coll, « Entretiens/Clés », Paris)
Vernant Jean-Pierre (1971) : *Mythe et pensée chez les Grecs II* (.F. Maspéro, Paris)

Wegener Alfred (1990) : *La genèse des continents et océans* (Bourgois, Paris)
Yang Erche Namu (2005) : *Adieu au Lac Mère* (Calmann-Lévy, Paris)
Zahan Dominique (1970) : *Religion, spiritualité et pensée africaines* (Payot, Paris)

## Revues et journaux

« Earth ad Planetery »- Sciences Letters- (15 juin 2008)
« Le Point » N° 1812 du 7/6/2007
Bamony Pierre : « Science et anthropologie-De la notion de l'âme en général et de sa conception singulière chez les Lyéla du Burkina Faso- » (Anthropos 95-2000)

# TABLE DES MATIÈRES

# L'anthropologie
# aux éditions L'Harmattan

## *Dernières parutions*

**QUAND L'HOMME VOYAGE**
**Les passeurs d'empreintes**
*Sous la direction de Dominique Soulancé et Jean Louis Duhourcau*
Comme les membres d'une expédition au retour de leur longue marche à travers la jungle humaine, les auteurs de ce livre, solitaires ou «en cordée», nous révèlent les marques et empreintes qu'ils ont découvertes ou qu'ils souhaitent partager avec vous. Se «placer ailleurs» pour regarder le monde, c'est ce que les auteurs expriment tour à tour, à leur façon, sous l'éclairage de leurs compétences spécifiques et de leurs émotions personnelles. La lecture de ce livre est une invitation à voyager «autrement».
*(48.00 euros, 462 p.)*
*ISBN : 978-2-343-04227-5, ISBN EBOOK : 978-2-336-36550-3*

**QUI SUIS-JE POUR MES INTERLOCUTEURS ?**
**L'anthropologue, le terrain et les liens émergents**
*Fava Ferdinando - Avant-propos de Monique Selim ; Préface de Marc Augé*
L'enjeu du livre pivote autour de la question posée dans son titre : les interlocuteurs confèrent aux gestes de recherche de l'anthropologue un sens qui échappe à son contrôle. Gérard Althabe nommait cet événement «implication». L'auteur en approfondit la dynamique en puisant dans ses propres recherches et en comparant Althabe à ses contemporains (de Gold aux Adler, de Lourau à Sartre). Par la notion de «lien émergent», il en fait apparaître une dimension qui, de manière inédite, contribue à repenser aujourd'hui la recherche de terrain.
*(Coll. Anthropologie Critique, 15.50 euros, 150 p.)*
*ISBN : 978-2-343-05308-0, ISBN EBOOK : 978-2-336-36751-4*

**LION (LE) RÉINCARNÉ**
**Un conte contemporain : ce que dit le marronnage**
*Roy Joël*
La Surinamaise Yvelien Harderwijk, demeurant aux Pays-Bas, serait la réincarnation d'un esprit africain, celui du Roi-Lion des Mandingues d'Afrique occidentale, autrefois emmené en esclavage et dont on perd la trace après qu'il eût marronné, quelque part en pays Demarara, dans l'actuel Guyana, ancienne colonie britannique située sur la côte nord-Atlantique de l'Amérique du sud. Le lecteur pourra considérer ce récit soit comme un témoignage, soit comme une fiction.
*(19.00 euros, 204 p.)*
*ISBN : 978-2-343-05153-6, ISBN EBOOK : 978-2-336-36581-7*

**QUESTIONS ETHNIQUES DANS L'AIRE ANGLOPHONE**
*Sous la direction de Michel Prum*
*Groupe de recherche sur l'eugénisme et le racisme*
Qu'est-ce que l'ethnicité ? En quoi diffère-t-elle de la « race » ? C'est à la lumière d'une définition non naturaliste de l'ethnicité comme « sentiment d'appartenance » que cet ouvrage s'intéresse à l'aire anglophone dans toute son étendue et toute sa complexité. Onze contributions couvrent les cinq continents pour illustrer l'approche anglo-saxonne de l'ethnicité, si différente de la nôtre.
*(Coll. Racisme et eugénisme, 25.00 euros, 254 p.)*
*ISBN : 978-2-343-04954-0, ISBN EBOOK : 978-2-336-36371-4*

**CORPS ET REPRÉSENTATIONS : UNE LIAISON DANGEREUSE ?**
*Coordonnée par Stéphanie Chapuis-Després, Cécile Godet, Mathieu Gonod*
Proposant un large panorama de l'état de la recherche sur les rapports complexes entre le corps et ses représentations artistiques, mentales, individuelles ou collectives, ce volume regroupe des articles issus de la recherche actuelle en histoire, en littérature et dans le domaine des arts en général. Cet ouvrage permet d'examiner les fondements des études du corps, en analysant dans le détail les articulations possibles entre des corps et des représentations, sources primordiales des investigations en sciences humaines.
*(Coll. Mouvements des Savoirs, 35.00 euros, 340 p.)*
*ISBN : 978-2-343-04524-5, ISBN EBOOK : 978-2-336-36336-3*

**SOCIO-ANTHROPOLOGIE DE LA TRANSMISSION**
*Sous la direction de Jacques-Jouvenot Dominique, Vieille Marchiset Gilles*
Ces recherches analysent le processus de transmission comme une économie du don. Transmettre articule toujours les générations les unes aux autres, créant ainsi du don et de la dette. Des relations intergénérationnelles génèrent, par le biais de cet échange, des solidarités et des conflits qu'il importe d'étudier.
*(Coll. Logiques sociales, 23.00 euros, 232 p.)*
*ISBN : 978-2-296-99504-8, ISBN EBOOK : 978-2-296-50894-1*

**HISTOIRES DE FANTÔMES ET DE REVENANTS**
*Textes réunis et présentés par Dupaigne Bernard*
Les fantômes n'ont pas disparu de notre imaginaire. On va rencontrer ici beaucoup des fantômes du monde, de la Chine à l'Inde, de l'Irlande à l'Espagne, même si certains ont refusé de répondre. En Europe, ils sont peut-être déjà devenus un peu folkloriques. En Asie, c'est autre chose, ils vous poursuivent, ils vous persécutent. Écoutez les fantômes qui vous parlent ici, d'une quinzaine de pays du monde, des Nippons aux Lapons.
*(Coll. Eurasie, 26.50 euros 266 p.)*
*ISBN : 978-2-296-99812-4, ISBN EBOOK : 978-2-296-51296-2*

**À QUOI ET COMMENT DÉPENSER SON ARGENT ?**
**Hommes et femmes face aux mutations globales de la consommation**
*Sous la direction de Isabelle Guérin et Monique Selim*
Être citoyen aujourd'hui, c'est consommer et dépenser son argent, qu'il soit rare ou abondant. Les contradictions de la consommation sont nombreuses : d'un

côté, sa phase ascendante s'est achevée avec la crise ; de l'autre, un nouveau marché s'ouvre aux plus démunis. Les consommateurs se retrouvent enfermés dans une prison de plus en plus étroite qui les enchaîne au stade ultime de l'aliénation du marché capitaliste. Jusqu'où et jusqu'à quand ?
*(Coll. Questions contemporaines, série Globalisation et sciences sociales, 35.00 euros, 350 p.) ISBN : 978-2-336-00646-8, ISBN EBOOK : 978-2-296-51237-5*

**ANTHROPOLOGIE (L')**
*Minko Mve Bernardin*
Comprendre l'anthropologie, c'est une invitation à la découverte d'une certaine vision de l'humanité ; c'est aussi appréhender l'autre et porter un nouveau regard sur soi. Non familiarisés avec une discipline qui suscite de nombreux débats théoriques et chamboulements thématiques, les lecteurs sont invités à comprendre l'histoire de l'anthropologie, mais surtout ses grands courants de pensée et enfin les objets, méthodes et domaines d'études.
*(Coll. Pour Comprendre, 22.50 euros, 224 p.)*
*ISBN : 978-2-296-96211-8*

**RECHERCHE (LA) EN CONTEXTE DE VULNÉRABILITÉ**
**Engagement du chercheur et enjeux éthiques**
*Sous la direction de Nathalie Mondain et Arzouma Eric Bologo*
Ce livre est fondé sur une expérience concrète de terrain en Afrique de l'Ouest, qui a fait ressortir les décalages entre les intérêts des acteurs impliqués dans la recherche et ceux des populations pour qui la signification de ces travaux semble inaccessible. Où se situe l'éthique de la recherche dans les contextes où le chercheur risque de rester détaché des préoccupations quotidiennes de ceux à qui il est censé s'adresser ?
*(Coll. Logiques sociales, 28.50 euros, 278 p.)*
*ISBN : 978-2-296-99641-0, ISBN EBOOK : 978-2-296-50811-8*

**ÉTABLISSEMENTS (LES) DE RESTAURATION DANS LE MONDE**
*Sous la direction de Vincent Marcilhac et Vincent Moriniaux*
De l'Europe au Japon, en passant par les Philippines, l'Inde, les Émirats arabes unis et le Brésil, l'ouvrage cherche à cerner l'»objet restaurant» dans toutes ses dimensions. Cet ouvrage collectif rassemblant des géographes, des historiens et des professionnels du monde de la restauration, met en lumière les évolutions récentes des établissements de restauration, des plus luxueux aux restaurants populaires en passant par les restaurants cosmopolites.
*(Coll. Géographie et cultures, 37.50 euros, 370 p.)*
*ISBN : 978-2-336-00420-4, ISBN EBOOK : 978-2-296-50623-7*

**DES BERGERS EN EUROPE**
**Pratiques, rites, représentations**
*Sous la direction de Jocelyne Bonnet-Carbonell*
Les regards portés sur le passé comme sur le présent des bergers nous ont fait découvrir une civilisation pastorale ancienne dévoilant l'authenticité d'une profession. Ces contributions décrivent les gestes et les mots qui rythment la vie quotidienne des bergers et leurs jours de fête, laissant découvrir de nombreuses

informations inédites et la réalité plurielle de la culture pastorale du mouvement qui reste essentielle à l'avenir économique et écologique de l'Europe.
*(Coll. Ethnologie de l'Europe, 24.00 euros, 240 p.)*
*ISBN : 978-2-296-99299-3, ISBN EBOOK : 978-2-296-50533-9*

**COMMENT PEUT-ON ÊTRE SOCIO-ANTHROPOLOGUE ?**
*Textes réunis et présentés par Jean-Michel Bessette, Bruno Péquignot*
Il s'agit de situer la perspective socio-anthropologique d'un auteur à travers ses recherches et son oeuvre. Ces contributions esquissent de façon impressionniste une sorte de portrait idéal typique de l'anthropologue concerné : Georges Balandier, Jean Duvignaud, Louis Vincent Thomas, Michel Verret, Henri Mendras, Henri Hatzfeld, Pierre Tripier, Alain Girard, Joffre Dumazedier.
*(Coll. Logiques sociales, 21.00 euros, 214 p.)*
*ISBN : 978-2-296-99801-8, ISBN EBOOK : 978-2-296-51023-4*

**L'Harmattan Italia**
Via Degli Artisti 15; 10124 Torino

**L'Harmattan Hongrie**
Könyvesbolt ; Kossuth L. u. 14-16
1053 Budapest

**L'Harmattan Kinshasa**
185, avenue Nyangwe
Commune de Lingwala
Kinshasa, R.D. Congo
(00243) 998697603 ou (00243) 999229662

**L'Harmattan Congo**
67, av. E. P. Lumumba
Bât. – Congo Pharmacie (Bib. Nat.)
BP2874 Brazzaville
harmattan.congo@yahoo.fr

**L'Harmattan Guinée**
Almamya Rue KA 028, en face
du restaurant Le Cèdre
OKB agency BP 3470 Conakry
(00224) 657 20 85 08 / 664 28 91 96
harmattanguinee@yahoo.fr

**L'Harmattan Mali**
Rue 73, Porte 536, Niamakoro,
Cité Unicef, Bamako
Tél. 00 (223) 20205724 / +(223) 76378082
poudiougopaul@yahoo.fr
pp.harmattan@gmail.com

**L'Harmattan Cameroun**
BP 11486
Face à la SNI, immeuble Don Bosco
Yaoundé
(00237) 99 76 61 66
harmattancam@yahoo.fr

**L'Harmattan Côte d'Ivoire**
Résidence Karl / cité des arts
Abidjan-Cocody 03 BP 1588 Abidjan 03
(00225) 05 77 87 31
etien_nda@yahoo.fr

**L'Harmattan Burkina**
Penou Achille Some
Ouagadougou
(+226) 70 26 88 27

**L'Harmattan Sénégal**
10 VDN en face Mermoz, après le pont de Fann
BP 45034 Dakar Fann
33 825 98 58 / 33 860 9858
senharmattan@gmail.com / senlibraire@gmail.com
www.harmattansenegal.com

**L'Harmattan Bénin**
ISOR-BENIN
01 BP 359 COTONOU-RP
Quartier Gbèdjromèdé,
Rue Agbélenco, Lot 1247 I
Tél : 00 229 21 32 53 79
christian_dablaka123@yahoo.fr

Achevé d'imprimer par Corlet Numérique - 14110 Condé-sur-Noireau
N° d'Imprimeur : 118039 - Dépôt légal : avril 2015 - *Imprimé en France*

www.ingramcontent.com/pod-product-compliance
Lightning Source LLC
LaVergne TN
LVHW010936061026
849535LV00007B/2425
* 9 7 8 2 3 3 6 3 0 7 7 2 5 *